Ihab Al-Qazzaz

Construção integrada por computador para BIM

Ihab Al-Qazzaz

Construção integrada por computador para BIM

ScienciaScripts

Imprint

Cover image: www.ingimage.com

This book is a translation from the original published under ISBN 978-620-2-31300-1.

Publisher:
Sciencia Scripts
is a trademark of
Dodo Books Indian Ocean Ltd. and OmniScriptum S.R.L publishing group

120 High Road, East Finchley, London, N2 9ED, United Kingdom
Str. Armeneasca 28/1, office 1, Chisinau MD-2012, Republic of Moldova, Europe
Printed at: see last page
ISBN: 978-620-7-95077-5

Resumo

A indústria da construção distingue-se de outras indústrias, como a indústria transformadora, pela sua fragmentação, pelo grande número de intervenientes no projeto e pelos muitos processos envolvidos em cada fase do ciclo de vida do projeto, como a conceção, o planeamento e a estimativa, bem como pela utilização de diferentes tipos de software de aplicação informática. Estas caraterísticas exigem um intercâmbio intensivo de dados e a partilha de informações gráficas e textuais entre as partes envolvidas no projeto.

Embora a maioria dos documentos seja criada através de computadores, os processos de gestão de projectos ainda dependem da troca manual de informações com base em documentos em papel. Quando os desenhos de construção são criados utilizando CAD, mas os dados necessários para o software de gestão de projectos (planeamento ou orçamentação) não podem ser extraídos diretamente do CAD, têm de ser introduzidos manualmente pelo utilizador (orçamentista e planeador). O processo de cálculo, de recolha de informações dos desenhos e de introdução das mesmas no software de gestão de projectos é fastidioso e moroso, com a possibilidade de erros na transferência e introdução de informações. Além disso, se o projeto for efetivamente alterado ou se forem comparadas várias alternativas, é necessário efetuar novamente os cálculos. Esta situação pode ser ultrapassada através de uma utilização mais eficiente das ferramentas das tecnologias da informação para gerir os processos de informação da construção e integrar a conceção, o custo e o tempo.

Este trabalho de investigação apresenta um sistema informático integrado para projectos de construção civil, onde a extração e importação de quantidades, através da interpretação do desenho AutoCAD com a base de dados MS Access de custos unitários e produtividades para formação de preços e duração das tarefas, são depois exportados para o MS Project e MS Excel para serem tratados. O sistema foi desenvolvido usando Visual Basic e tecnologia de automação ActiveX para combinar o software acima. O sistema também pode calcular as quantidades de material. O sistema inclui o Digitizer (descolagem no ecrã) que calcula os comprimentos e as áreas dos desenhos para os quais a forma de uma imagem e digitalizada.

O sistema integrado foi aplicado a um caso de estudo, um edifício de armazém para um hospital com 260 camas. Os resultados provaram a eficácia do sistema na conversão de informação da forma gráfica *dwg* para fórmulas numéricas *xlcx/xlc* e *mpp* que podem ser facilmente manipuladas e o software é abrangido.

Algumas das vantagens deste sistema são a geração automática de quantidades diretamente a partir do CAD, a melhoria da comunicação entre o projeto e a construção, a redução da reintrodução de dados (dados reutilizáveis), o aumento da velocidade de entrega (poupança de tempo), a redução dos custos (aumento do lucro), a melhoria da coordenação (menos erros) e o aumento da produtividade para implementar a abordagem BIM (Building Information Modelling).

Reconhecimento

Gostaria de expressar a minha gratidão à minha orientadora, Assist. Dr. Sawsan Rasheed Mohammed, pelos seus grandes esforços e orientação durante a preparação desta tese.

Os meus agradecimentos especiais vão também para o Departamento de Engenharia Civil (Universidade de Bagdade) e o Departamento de Engenharia Civil (Universidade Técnica) pelo apoio que me deram durante os meus estudos.

Acima de tudo, dedico este trabalho aos meus pais e irmãs, sem cujo apoio este trabalho não teria sido possível.

Lista de símbolos

ADT	AutoCAD Architecture (formerly Architectural Desktop)
AEC	Architecture, Engineering and Construction
AGC	Associate General Contractors
AIA	American Institute of Architects
API	Application Programming Interface
BS	British Standard
BIM	Building Information Modeling
BOQ	Bill of Quantities
CAD	Computer Aided Design
CFMA	Construction Financial Management Association
CIC	Computer Integrated Construction
CICA	Construction Industry Computing Association
CIFE	Center for Integrated Facility Engineering at Stanford University
DWG	DraWinG File Format
DXF	Drawing eXchange Format
EDM	Electronic Document Management
FM	Facilities Management
GUI	Graphical User Interface
HVAC	Heating, Ventilating, and Air Conditioning
IAI	International Alliance for Interoperability (now: Building Smart)
IFC	Industry Foundation Classes
InCADEP	Integration of Computer Aided Design with Estimation and Planning
ISO	International Organisation for Standardisation
IT	Information Technology
ITAA	Information Technology Association of America
MEP	Mechanical, Electrical, and Pumping
NAHB	National Association of Home Builders
NBIMS	National Building Information Model Standard
NIST	National Institute of Standards and Technology
ODBC	Open Database Connectivity
OO CAD	Object-Oriented Computer Aided Design
PC	Personal Computer
STAAD	Structural Analysis and Design Software
STEP	STandard for the Exchange of Product Model Data
VR	Virtual Reality
VRML	Virtual Reality Modeling Language

Capítulo 1
Introdução

1.1 Geral

O sector da construção é constituído por um vasto leque de pessoas com diferentes pontos de vista, competências e conhecimentos sobre o processo de construção, que trabalham em conjunto através de hábitos e práticas no âmbito de uma cultura que se desenvolveu ao longo de vários séculos. Ao longo do tempo, o processo de conceção e o apoio associado foram-se desligando da produção do produto (ou seja, o edifício) a que se destinam. Este facto gera problemas na organização do processo de conceção e de construção, devido ao grande número de interfaces. A comunicação torna-se difícil, conduzindo a rupturas, mal-entendidos, disputas frequentes, tempo e custos adicionais para o projeto (Marir et al., 1998).

O ciclo de vida do projeto inclui o planeamento, a conceção, a construção, a operação e a manutenção. Em cada fase, é trocada muita informação entre os vários participantes no projeto. Esta informação pode ser classificada em dados gráficos e não gráficos. Os dados gráficos incluem desenhos 2D e 3D e os dados não gráficos incluem outros documentos do projeto. Tradicionalmente, estas duas categorias de informação existem como entidades independentes e não estão ligadas entre si. Esta falta de ligação reduz a produtividade dos intervenientes no projeto, uma vez que é necessário implementar métodos morosos de recuperação de informação e de regeneração de dados (Meadati, 2009). O investigador verificou que estes documentos são atualmente trocados em papel entre os profissionais do sector da construção. É um truísmo que cada um destes documentos seja subsequentemente redigitado, fotocopiado e arquivado à medida que são trocados entre diferentes sítios e aplicações informáticas.

Em comparação com muitos outros sectores da economia, a indústria da construção é confrontada com um elevado grau de complexidade, incerteza e descontinuidade, bem como com numerosas restrições. O processo de construção envolve um grande número de participantes, várias formas de organização de projectos e a utilização de inúmeras aplicações informáticas diferentes. Estas caraterísticas exigem um intercâmbio intensivo de dados e a partilha de informações com base na integração de diferentes aplicações. Isto pode ser conseguido através de uma utilização mais eficiente das ferramentas das tecnologias de informação (TI) para a gestão dos processos de informação da construção (Dikbas et al, 1999).

1.2 Práticas actuais de estimativa e planeamento

Os actuais processos de estimativa e planeamento de custos são limitados pela falta de integração de dados electrónicos de projeto e construção. Uma parte significativa do processo de estimativa envolve o cálculo de quantidades, que atualmente é feito manualmente através da escala de desenhos bidimensionais em papel. Mas porque é que os orçamentistas executam esta tarefa manualmente quando esta informação já existe e está disponível nos desenhos electrónicos do projeto? Além disso, são criados planos de construção para mostrar a sequência dos trabalhos de construção. Mas como podem os planos de sequenciação da construção transmitir esta mensagem quando as ferramentas de planeamento normalmente utilizadas não representam explicitamente a informação do projeto e os requisitos espaciais associados? (Staub et al., 1998).

Atualmente, é necessário um enorme esforço para transferir e interpretar as informações de projeto. Os projectistas produzem centenas de páginas de desenhos de projeto e vários livros de especificações que têm de ser analisados, estimados e programados pelos empreiteiros. No entanto, o método atual de transferência de informações exige que os orçamentistas calculem as quantidades manualmente. As informações introduzidas nos desenhos pelos projectistas não podem ser diretamente reutilizadas porque as informações fornecidas pelos projectistas aos orçamentistas não estão num formato eletrónico utilizável. O cálculo das quantidades é uma parte crucial do processo de estimativa e planeamento, uma vez que afecta os custos de material e de mão de obra, bem como a duração das actividades. No entanto, os empreiteiros não têm acesso eletrónico a estes dados de planeamento, o que leva a ineficiências no processo de orçamentação que aumentam o tempo de orçamentação e diminuem a precisão. O software de integração conceção-custo tira partido dos dados electrónicos de planeamento existentes e permite aos orçamentistas automatizar parte do processo de orçamentação, verificar a exaustividade das suas estimativas e avaliar rapidamente o impacto dos custos de várias opções de planeamento (Staub et al., 1998).

A integração das informações de conceção, custo e programação é necessária para melhorar os processos de estimativa e planeamento e reduzir as ineficiências resultantes da atual fragmentação entre as informações de conceção e construção. Foram desenvolvidas novas tecnologias de software para ajudar as equipas de projeto a integrar as informações de conceção, custo e programação. Essa integração permitirá que os profissionais da construção automatizem a tomada de quantidades, reduzindo assim o tempo de estimativa e eliminando a duplicação de esforços que existe nos processos actuais (Staub et al., 1998).

1.3 Limitações da prática atual de gestão de projectos

Ao enfrentar os desafios da gestão de projectos, as práticas actuais de gestão de projectos estão a atingir os seus limites quando se trata de gerir eficazmente os requisitos. Estas limitações podem ser classificadas nos três grupos seguintes (Mathew, 2005) (Tat-vinh Duong, 2009):

1.3.1. Falta de comunicação adequada

O problema mais comum enfrentado pelos gestores de projectos é a falta de comunicação adequada entre as partes interessadas. As práticas actuais de gestão de projectos são frequentemente isoladas e centram-se na resolução de questões relacionadas com as fases individuais do projeto (Mathew, 2005) (Tat-vinh Duong, 2009).

1.3.2. Falta de automatização

A falta de uma solução de automatização completa para a prática de gestão é também sugerida como um desafio complicado (Tat-vinh Duong, 2009). Na década de 1990, houve desenvolvimentos significativos na tecnologia que levaram à produção de pacotes de software muito poderosos para a indústria da construção. A introdução "ad hoc" desses pacotes conduziu a melhorias a nível local, por exemplo, na conceção, estimativa, planeamento, etc. (este aspeto é discutido em mais pormenor no Capítulo 2, secção 2.4), mas trouxe apenas benefícios limitados ao nível do projeto. Estes problemas podem ser enumerados do seguinte modo: comunicação eletrónica em oposição à comunicação tradicional, falta de integração de software, falta de uma plataforma normalizada para o intercâmbio de informações, falta de ferramentas de tomada de decisão adequadas para o planeamento do projeto, etc. (Mathew, 2005) (Tat-vinh Duong, 2009). Os exemplos que se seguem devem-se a este problema (Mathew, 2005):

1.3.2.1 Cópias electrónicas vs. cópias em papel

Embora muitas empresas de construção estejam a utilizar as TI para melhorar certos processos/aplicações, ainda existe uma visão tradicional na indústria da construção de que a documentação é emitida em papel e não em formato eletrónico para fins de auditoria e manutenção de registos. A mistura de documentos electrónicos e em papel nas organizações torna difícil para os gestores de projectos processarem a informação correta quando necessário (Mathew, 2005).

1.3.2.2 Falta de integração de software

Uma grande percentagem dos sistemas de gestão de projectos atualmente disponíveis está centrada em tarefas específicas, como o planeamento e a programação de projectos, o controlo de custos, etc. Estas aplicações isoladas (fragmentadas) conduziram a uma grande dispersão de pacotes de aplicações autónomas que não têm ligações de comunicação ou têm ligações "fixas". A indústria carece de um sistema integrado e abrangente que permita um fluxo de informação fluido entre as diferentes fases do projeto (Alshawi, 2000) (Faraj e Alshawi, 2000), como também mencionado por (Mathew, 2005).

1.3.2.3 Falta de normas para o intercâmbio de informações

A incompatibilidade entre hardware e software tem constituído um grave problema "técnico" que tem impedido os gestores de projeto de acederem e gerirem facilmente a informação do projeto. Estes problemas são causados pela falta de normalização da informação do projeto que facilitaria o fluxo de informação entre hardware e software incompatíveis. Consequentemente, os sistemas de TI disponíveis e atualmente utilizados pela indústria não têm em conta as necessidades dos participantes amplamente dispersos em grandes projectos de construção (Underwood e Alshawi, 1997), tal como mencionado por (Mathew, 2005).

1.3.2.4 Falta de instrumentos de decisão adequados para o planeamento de projectos

O planeamento é um processo moroso e requer a participação de toda a equipa do projeto. É também dependente do contexto. Este processo pode ser significativamente melhorado se forem incorporadas na sua estrutura ferramentas de tomada de decisão adequadas. Ainda não foram desenvolvidos sistemas abrangentes e integrados neste sentido (Mathew, 2005).

1.3.3. Falta de processos normalizados para a gestão de projectos

A falta de processos normalizados para a gestão de projectos é um ponto fraco dos métodos de gestão tradicionais (Tat-vinh Duong, 2009). Embora existam algumas iniciativas para normalizar os processos de gestão de projectos, como o PMI (Mathew, 2005). Os projectos são geralmente geridos de acordo com a experiência dos gestores de projeto que são nomeados especificamente para esta tarefa. Cada gestor de projeto, mesmo dentro da mesma organização, prefere seguir a sua própria experiência desenvolvida durante um longo período de tempo. Estas práticas conduzem a grandes diferenças nas práticas de gestão e podem, assim, ter um impacto significativo na capacidade de coordenar e controlar a informação do projeto (Mathew, 2005) (Tat-vinh Duong, 2009).

1.4 Panorama da investigação anterior (trabalho relacionado)

Vários investigadores fizeram várias tentativas e esforços para desenvolver sistemas integrados para a gestão da construção, que foram comunicados. Segue-se uma breve panorâmica dos esforços de investigação (sistemas integrados) que estão estreitamente relacionados com o tema do presente estudo:

1- OSCONCAD

No Reino Unido, (Marir et al., 1998) apresentaram o OSCONCAD (Open Systems for CONstruction with Computer Aided Design system), um sistema interativo de integração de CAD e de aplicações relacionadas com a construção para resolver o problema da fragmentação do projeto e o fosso entre os processos de construção e de projeto. Permite que a informação sobre o projeto de arquitetura seja armazenada numa base de dados integrada orientada para os objectos, que pode ser partilhada por uma série de aplicações informáticas. O OSCONCAD caracteriza-se por várias caraterísticas:

1. Utiliza a abordagem de modelação orientada para os objectos para criar modelos normalizados para a conceção de arquitecturas que estejam em conformidade com as Industry Foundation Classes (IFC).
2. Para demonstrar a viabilidade e a praticabilidade do modelo de produto orientado para os objectos OSCON (Open Systems for CONstruction), são também apresentadas três aplicações de construção OSCON (Esteem, Planner e Mentor), que acedem e partilham as instâncias de desenho de edifícios OSCONCAD.

Além disso, as classes de modelos OSCONCAD compatíveis com IFC facilitam o intercâmbio de dados entre aplicações relacionadas com a construção e permitem uma interpretação comum dos objectos de projeto pelas aplicações de uma forma coerente e interoperável. O modelo de projeto detalhado é uma descrição dos componentes do projeto e das suas especificações com propriedades topológicas muito limitadas. O protótipo é desenvolvido utilizando o Microsoft Visual C++ v4.0. A principal limitação é que não são utilizadas aplicações normalizadas, como o MS Project e o Excel.

2- GALLICON

No Reino Unido, foi descrito em (Sun et al., 2000) um protótipo de investigação que visa aplicar tecnologias de integração à conceção e construção de estações de tratamento de água. O sistema proporciona uma gestão integrada dos dados do projeto e um intercâmbio de informações sem descontinuidades entre diferentes profissionais. Isto é conseguido através de uma base de dados centralizada do projeto e da integração de vários pacotes de software para conceção, estimativa de custos e planeamento do projeto (AutoCAD, MS Excel e MS Project). Defende-se que um sistema deste tipo é capaz de apoiar uma melhor comunicação e promover uma relação comercial de colaboração entre clientes, empreiteiros e consultores de projeto.

GALLICON é uma tentativa de aplicar uma base de dados integrada de projectos a projectos reais de tratamento de água. GALLICON é um projeto de investigação financiado pelo Departamento do Ambiente, dos Transportes e das Regiões (DETR) e por um consórcio de empresas envolvidas na conceção e construção de obras de tratamento de águas no Reino Unido. Estas empresas incluem um promotor, um empreiteiro e uma empresa de consultoria de custos. Têm um acordo de parceria existente e estão empenhadas em construir uma relação estável com a cadeia de fornecimento. Um dos principais obstáculos que enfrentam é o estrangulamento da comunicação interdisciplinar. Embora as tarefas de conceção, estimativa de custos e planeamento do projeto sejam realizadas de forma independente, utilizando software informático. O principal objetivo do projeto GALLICON é desenvolver um quadro de informação integrado para melhorar a comunicação e o intercâmbio de informações entre os processos distribuídos de conceção, estimativa de custos e planeamento de projectos.

3- ESSCAD

Em Singapura, (Wang, 2001) apresentou um sistema pericial ESSCAD (Sistema pericial que integra o planeamento da construção com o desenho CAD) desenvolvido para a integração do planeamento da construção e do desenho CAD. O sistema, que foi desenvolvido principalmente com base na técnica de programação de sistemas baseados no conhecimento e na técnica de integração de software, pode interpretar automaticamente os desenhos CAD de um edifício de estrutura de betão armado e extrair dados dos componentes do edifício, dividir o projeto em actividades, determinar as dependências lógicas entre as actividades, estimar as quantidades de mão de obra e a duração das actividades e, finalmente, gerar um calendário de construção primário para o projeto. Através da integração com o sistema CAD AutoCAD e o software de planeamento MS Project, dispõe de funções avançadas de desenho CAD e de tecnologia de planeamento de redes. A ligação entre o AutoCAD e o MS Project é semi-dinâmica, ou seja, assim que houver uma alteração no desenho CAD, o utilizador pode reiniciar o ESSCAD para criar um novo plano de construção.

Uma vez que a dimensão deste tipo de base de conhecimentos no ESSCAD é muito grande (atualmente existem cerca de 60 actividades típicas na base de conhecimentos básica, podendo ser adicionadas mais, mas esta é outra limitação do ESSCAD), são armazenadas e geridas utilizando um sistema de gestão de bases de dados, por exemplo, FoxPro para Windows, para tirar partido da sua gestão de dados eficaz. Atualmente, apenas as bases de dados de conhecimento para a construção de estruturas de betão armado foram criadas para o ESSCAD e precisam de ser mais desenvolvidas. A estrutura principal do ESSCAD é programada em Borland C. As bases de dados de conhecimento e a base de dados são programadas com FoxPro para Windows, enquanto as suas ligações à estrutura principal são também programadas com Borland C. A interface do utilizador do ESSCAD é programada com Borland Object Windows. O ESSCAD pode ser executado em PCs instalados com Microsoft Windows, AutoCAD 12.0 e MS Project 4.0.

4- 3D CCAD

Nos EUA (Elzarka, 2001), foi discutida uma abordagem rentável para o desenvolvimento de sistemas de conceção assistida por computador (CIC), integrando pacotes autónomos de CAD (AutoCAD), folha de cálculo (Excel), base de dados (MS Access) e software de planeamento (MS Project), utilizando a tecnologia Visual Basic e ActiveX. Foi apresentado um protótipo de sistema 3D CCAD (Construction Computer Aided Design System) que integra pacotes normalizados. O protótipo foi desenvolvido para um subempreiteiro de betão para demonstrar o potencial do CIC para melhorar a análise da construtibilidade e o processo de gestão da construção de projectos de betão. O CCAD 3D é capaz de:

1. Geração de objectos de construção 3D inteligentes,

   Os objectos que podem ser criados na versão atual do CCAD incluem linhas de pilares, sapatas, pilares, vigas e lajes. As fundações, os pilares, as vigas e as lajes são criados como modelos sólidos com dimensões reais (escala 1:1).

2. Geração do levantamento de quantidades: Tanto o volume de betão como a área de cofragem podem ser calculados.

3. Integração no calendário.

5- VIRCON

No Reino Unido (Dawood et al., 2002), foi desenvolvida uma base de dados integrada VIRCON (VIRtual CONstruction) para servir de base de recursos de informação para a simulação 4D/VR de processos de construção. Este desenvolvimento faz parte de um extenso projeto de investigação, The Virtual Construction Site: Um Sistema de Apoio à Decisão para o Planeamento da Construção (O Projeto VIRCON). O objetivo do projeto VIRCON é utilizar pacotes de software básicos e económicos para desenvolver ferramentas que tornem o processo de planeamento da construção mais inteligente. A base de dados VIRCON consiste numa base de dados central de elementos de construção, que por sua vez está integrada com um pacote CAD (AutoCAD 2000), um pacote de gestão de projectos (MS Project) e interfaces gráficas de utilizador (GUI). Foram desenvolvidas e implementadas interfaces integradas entre a base de dados MS Access, os desenhos AutoCAD e os calendários MS Project. Para além disso, foram adaptadas e implementadas as normas britânicas da Convenção de Camadas (BS 1192-5).

6- MITOS

Na Turquia, (Kanoglu e Arditi, 2004) apresentaram um sistema integrado chamado MITOS (Multi-phase Integrated auTOmation System), que foi desenvolvido principalmente para empresas de conceção/construção, ou seja, empresas ou alianças de empresas que realizam tanto a conceção como a construção. No entanto, o sistema também pode ser utilizado por empresas independentes de conceção e construção, desde que trabalhem em conjunto no mesmo projeto. Este sistema integrado permite que as empresas de conceção e construção obtenham informações sobre todos os aspectos do projeto (incluindo clientes, subcontratantes, fornecedores, mão de obra, tempo, programação, materiais, equipamento, custos, comunicações, qualidade e aquisições) durante as fases de conceção e construção do projeto e, assim, gerir o projeto de forma eficaz. É de notar aqui que a principal limitação não é o AutoCAD.

7- Intelli 3D Bridge CAD

Na Índia, (Arun e Appa Rao, 2005) apresentaram um método simples para integrar a conceção assistida por computador e o planeamento da construção utilizando Visual

Basic e ActiveX. Os pacotes de software padrão amplamente utilizados AutoCAD e MS Project são utilizados juntamente com a base de dados MS Access. A integração foi conseguida através do desenvolvimento de módulos de interface adequados e da criação de um sistema pericial baseado no conhecimento para incorporar as competências de construção a utilizar na integração. O funcionamento da metodologia de integração proposta foi demonstrado utilizando o exemplo de uma ponte de betão armado com vigas e lajes. O programa de interface foi desenvolvido para lidar com um número diferente de pilares num grupo de pilares e diferentes tipos (retangular e secção I) e números de vigas. Neste ponto, deve notar-se que a principal limitação é calcular apenas o volume.

8-CIS

No Iraque, apenas (Ziyad, 2007) desenvolveu um sistema integrado CIS (Computer Integrated System) para projectos hídricos que liga três programas de software (AutoCAD, Excel e MS Project) utilizando a tecnologia de transferência de dados Visual Basic e ActiveX. Este sistema integrado pode extrair a informação gráfica de um desenho AutoCAD e transferi-la para um formato digital adequado para processamento no software de gestão de projectos MS Excel e MS Project.

Como o CIS não dispõe de uma base de dados, os custos unitários, a taxa de produção e a prioridade das actividades devem ser introduzidos pelo utilizador. A transferência de informação do AutoCAD para o MS Project é feita de forma indireta, apresentando-a primeiro no Excel. Medir apenas comprimentos e quantidades a calcular por cada um, sem área e volume.

O quadro (1-1) apresenta um resumo dos sistemas integrados relacionados que estão intimamente ligados ao tema desta investigação.

Quadro (1-1) Resumo dos sistemas integrados conexos (investigadores)

System	For (case study)	Using	Take off	Database	Software
OSCONCAD	building	Microsoft Visual C++ v4.0	-	ObjectStore OODBMS	AutoCAD Planner Esteem
GALLICON	Water treatment projects	-	-	-	AutoCAD MS Project MS Excel
ESSCAD	RC frame structure building	Borland C	-	FoxPro	AutoCAD MS Project
3D CCAD	formwork	VB and ActiveX	Area and Volume	MS Access	AutoCAD MS Project MS Excel
VIRCON	School of Health Construction Project	-	-	MS Access	AutoCAD MS Project
MITOS	-	-	-	MS Access	Nemetschek MS Project
Intelli 3D Bridge CAD	RC Beam - Slab Bridge	VB and ActiveX	Volume	MS Access	AutoCAD MS Project MS Excel
CIS	Water projects	VB and ActiveX	Length and Each	None	AutoCAD MS Project MS Excel

1.5 Objectivos da investigação

O objetivo deste estudo é apresentar uma abordagem simples para a integração do CAD com a orçamentação e o planeamento e aplicá-la ao exemplo dos projectos de construção. É apresentada uma abordagem para a integração de software existente. A integração do AutoCAD autónomo, do MS Access, do MS Excel e do MS Project utilizando a tecnologia de automatização Visual Basic e ActiveX foi proposta como uma abordagem alternativa ao desenvolvimento de um sistema integrado (InCADEP).

A abordagem da Modelação da Informação da Construção (BIM), as normas CAD, as normas para formatos de dados e o CAD 4D são também apresentados.

1.6 Metodologia de investigação

Para atingir os objectivos da investigação, foi utilizada a seguinte metodologia:

1. Revisão da literatura: Visão geral dos sistemas integrados de gestão da construção, CAD, cálculo de custos e planeamento, bem como da Modelação da Informação da Construção (BIM).

2. Desenvolvimento de um sistema integrado: Desenvolvimento (InCADEP) utilizando Visual Basic e ActiveX para partilha de informação entre softwares (AutoCAD, Access, Excel e MS Project).

3. Implementação do sistema integrado: através da aplicação do sistema integrado a um projeto real.

1.7 Estrutura da dissertação

- **Capítulo 1**: é um capítulo introdutório que aborda a investigação anterior e define a fundamentação (práticas actuais de estimativa e planeamento; limitações da prática atual de gestão de projectos), os objectivos e a metodologia da investigação.

- **Capítulo Dois**: trata da tecnologia da informação na construção e das aplicações informáticas na construção (CAD, planeamento e orçamentação) e das suas limitações.

- **Capítulo Três**: trata da integração no sector da construção.

- **Capítulo Quatro**: trata da abordagem da Modelação da Informação da Construção (BIM).

- **Capítulo Cinco**: aborda o desenvolvimento e implementação do sistema integrado InCADEP através da combinação (AutoCAD, Access, Excel e MS Project) utilizando a tecnologia de automação Visual Basic e ActiveX.

- **Sexto capítulo**: Contém as conclusões e recomendações a que o investigador chegou e sugestões para futuras investigações neste domínio.

Capítulo 2
Tecnologias da informação no sector da construção

2.1 Introdução

A inovação é um dos principais atributos que promovem a competitividade no sector da construção. Foram realizados muitos estudos de investigação sobre a inovação no sector da construção. As inovações no sector da construção podem ser categorizadas nos seguintes grupos: (Peansupap, 2004)

1. **Materiais, equipamentos e métodos:**

- Materiais e equipamentos de construção: Grua de torre, bomba de betão, tecnologia de robôs, betão de alta resistência, plástico reforçado com fibras, etc.
- Método de construção: Pré-fabricação, construção de cima para baixo, etc.

2. **Administração:**

- Técnicas de gestão da construção: Gráfico de Barras, Método do Caminho Crítico (CPM), Técnica de Avaliação e Revisão do Programa (PERT), Linha de Equilíbrio, Aliança, Parceria de Projeto, Construir, Operar, Transferir (BOT), etc. A maioria destes tipos de inovação foi adoptada a partir da teoria e da prática da investigação operacional, como o PERT, o CPM, a gestão da qualidade total (TQM), etc.

3. **Tecnologias da informação (TI):**

- Aplicações informáticas e dispositivos electrónicos: computador, notebook, tablet PC, Palm, código de barras, simulação de construção, software de cálculo, aplicações de planificação e controlo de projectos, etc.
- Tecnologias de rede e de comunicação: rede local (LAN), rede de área alargada (WAN), intercâmbio eletrónico de dados (EDI), Internet, intranet, VRML, sem fios, groupware, etc.

Cada categoria de inovação tem um impacto diferente no sector da construção. Em primeiro lugar, a introdução de materiais, equipamento e métodos de construção tem como objetivo melhorar a produtividade a nível operacional. Em segundo lugar, a introdução de técnicas de gestão centra-se principalmente no controlo dos processos de construção. Em terceiro lugar, a introdução das TI tem como objetivo melhorar os processos de gestão da construção. A principal função das TI é melhorar a gestão e o processamento da informação durante o processo de construção. O volume do fluxo de informação durante um projeto de construção é enorme (acelerar o processamento da informação deve ajudar a reduzir o tempo e os custos e a melhorar a qualidade do trabalho) (Peansupap, 2004). Com o rápido crescimento das TI, os investigadores da indústria da construção estão a trabalhar arduamente para inovar as aplicações informáticas de modo a aumentar a eficiência do trabalho (Lin, 2007).

2.2 Definição de tecnologia da informação

A tecnologia da informação (TI), tal como definida pela Information Technology Association of America (ITAA), é "*o estudo, a conceção, o desenvolvimento, a implementação, o apoio ou a gestão de sistemas de informação informatizados, especialmente aplicações de software e hardware informático*". Em suma, as TI dizem respeito à utilização de computadores electrónicos e de software informático para converter, armazenar, proteger, processar, transmitir e recuperar informações de forma segura. Nesta definição, o termo "informação" pode geralmente ser substituído por "dados" sem perda de significado (ITAA, 2010).

(Bjork, 1999) tem outra definição: "*a utilização de máquinas e programas electrónicos para o processamento, armazenamento, transmissão e visualização de informação.* "Esta é uma definição simples que tem sido adoptada pelos investigadores no domínio das TI na construção.

2.3 Aplicação das TI no sector da construção

As TI englobam numerosas tecnologias que oferecem um potencial considerável para melhorar a gestão da informação no sector da construção. O vasto campo das TI engloba a informática e a cada vez mais popular Internet, duas áreas que estão a crescer de forma independente mas proporcional. A atenção cada vez maior dada aos recursos de informação sugere que uma melhor gestão destes recursos é fundamental para o sucesso do projeto (Dikbas et al., 1999).

A utilização das TI no sector da construção está a crescer rapidamente. No entanto, a indústria da construção parece estar a progredir lentamente no sentido de uma implementação eficaz das TI devido às suas caraterísticas únicas que a distinguem de outras indústrias: projectos pontuais, fragmentação da indústria, baixa sensibilização para a tecnologia e formação, investimento inicial necessário, custos de manutenção contínuos e resistência à mudança (Betts, 1999), tal como referido por FENG (2006). As TI podem ser de grande ajuda em todos os aspectos do planeamento, organização, execução e controlo dos projectos. No entanto, a utilização das TI na indústria da construção não é tão eficaz como noutras indústrias (FENG, 2006).

As aplicações mais importantes das TI na construção são (Dikbas et al, 1999) (Sun et al, 2000) (Peansupap, 2004) (Matheu, 2005) (FENG, 2006) (ITAA, 2010):

2.3.1 Processamento de dados (software e hardware)

Existem diferentes tipos de ferramentas de software que são utilizadas na gestão da construção. Diferentes tipos de ferramentas de software podem cumprir diferentes tarefas (FENG, 2006). Isto é discutido em mais pormenor na secção 2.4.

2.3.2 Tecnologia da comunicação

Atualmente, a tecnologia da comunicação é uma parte importante das TI. Muitas das funções dos dispositivos de comunicação estão a tornar-se cada vez mais integradas. Com a última geração de computadores portáteis, já é possível enviar e receber correio eletrónico. Recentemente, apareceram também no mercado telemóveis, nos quais estão integrados pequenos microcomputadores (Bjork, 1999). A comunicação baseada na Internet é a área de crescimento mais rápido. A capacidade de trocar dados e informações entre todas as partes envolvidas num projeto de construção depende das redes de comunicação. Quando o fluxo de informação é melhorado, o trabalho em equipa e a coordenação podem ser melhorados (FENG, 2006).

2.4 Aplicações informáticas no sector da construção

As tecnologias de informação ou aplicações de software estão disponíveis para apoiar a maioria dos aspectos de um projeto de construção. Foram largamente desenvolvidas como soluções para problemas específicos (Matheu, 2005). Uma lista de aplicações de TI para a construção foi compilada pela Construction Industry Computing Association (CICA) no Reino Unido. A maioria destas aplicações tem geralmente como objetivo automatizar várias tarefas de conceção ou de construção sem as integrar umas nas outras. O termo "ilha de automatização" é frequentemente utilizado para descrever a situação (Sun e Aouad, 1999). Estas aplicações podem ser categorizadas da seguinte forma (Sun e Aouad, 1999) (Matheu, 2005) (Hore, 2006): (Esta lista não pretende ser exaustiva, mas representa apenas um agrupamento geral de aplicações TI para a indústria da construção).

1. Aplicações gerais de gestão empresarial e da informação, ou seja, processamento de texto, correio eletrónico, bases de dados, etc.

A utilização das TI no trabalho de escritório envolve principalmente a automatização de tarefas de rotina, incluindo o intercâmbio de documentos de construção em formato digital. A aplicação de escritório é a utilização mais generalizada das TI, ou seja, computadores para processamento de texto no escritório e gestão de contratos. A aplicação da automatização do escritório pode melhorar a eficiência da administração interna (FENG, 2006).

2. Conceção assistida por computador (secção 2.4.1)
3. Aplicações na tecnologia de construção

Para análises energéticas, conceção de AVAC, análises estruturais, simulações de iluminação, etc. A vantagem destas aplicações é que permitem aos projectistas avaliar soluções de conceção alternativas a fim de obter uma conceção optimizada (Matheu, 2005).

4. Estimativa de custos (secção 2.4.2)
5. Planeamento, programação e gestão do local de construção (secção 2.4.3);
6. Gestão de instalações (FM)

Baseia-se no funcionamento, na manutenção e no impacto do funcionamento do edifício nos custos do ciclo de vida (Matheu, 2005) (Hore, 2006).

Desde as primeiras aplicações informáticas, foram desenvolvidas muitas ferramentas diferentes. Estas utilizam os seus próprios formatos de dados, que não são compatíveis entre si. Consequentemente, os dados não podem ser trocados eletronicamente entre elas. Nos últimos anos, a consciência da necessidade de processos de construção integrados aumentou e muitos projectos de investigação estão a abordar questões relacionadas (Matheu, 2005).

6.1.1 Conceção assistida por computador (CAD)

Antes da década de 1980, a maioria dos desenhos era criada em papel. Em 1982, a Autodesk introduziu o software AutoCAD, trazendo o CAD para o PC e mudando o mundo do design para sempre.

No entanto, a sua utilização tem sido limitada ao desenho durante tantos anos que é por vezes referido como "desenho assistido por computador" (Elzarka e Dorsey, 1999). Na categoria de software CAD, o Autodesk AutoCAD detém a maior quota do mercado de CAD. Outros programas CAD populares incluem o Bently Microstation, o Graphisoft ArchiCAD (Hungria), etc.

O desenvolvimento das TI e a sua aplicação no sector da construção provocaram algumas mudanças no sector. Por exemplo, a aplicação do CAD dá dois significados a um desenho CAD (Wang, 2001):

1. Para os engenheiros, consiste numa série de símbolos gráficos que representam um edifício;

2. Para o computador, é um ficheiro processável que contém dados sobre o edifício e que permite interpretar o desenho CAD e extrair dele os dados necessários à gestão da construção.

Além disso, os sistemas de visualização e animação, como o 3D Studio, podem gerar imagens fotorrealistas, estáticas e em movimento, permitindo aos clientes ver o aspeto final do edifício na fase de projeto. A tecnologia emergente de realidade virtual (RV) permite ao utilizador interagir com o modelo de projeto e experimentar o edifício em situações simuladas da vida real (Mathu, 2005) (Hore, 2006).

2.4.1.1 Modelação CAD

1- Modelação geométrica (vetorial)

1-a Modelação da estrutura de fios

Na modelação wireframe, não existem superfícies, apenas linhas e arcos que representam as arestas ou os limites do objeto. Esta forma de modelação é uma boa transição do modo de desenho 2D para a introdução à visualização 3D. Infelizmente, os modelos wireframe não permitem informações adicionais, como a área de superfície ou o volume, e não permitem ao utilizador ver o objeto como o faria na vida real (Cory e Bozell, 2001).

1-b Modelação de superfícies

O modelo de superfície é a região seguinte que tem aspectos de estrutura de arame, mas com um manto ou pele sobre a estrutura. Na modelação de superfície, a geometria wireframe e equações algébricas complexas são utilizadas para definir uma região entre as linhas ou arestas do modelo, o que cria uma superfície que cobre o objeto (Cory e Bozell, 2001).

Modelação de sólidos 1-c

O último tipo é o modelo de volume. O espaço que constitui o objeto é delimitado por superfícies que formam um volume fechado. A modelação volumétrica é geralmente a mais fácil de utilizar e compreender pelos utilizadores (Cory e Bozell, 2001). A Figura (2-1) mostra a modelação geométrica.

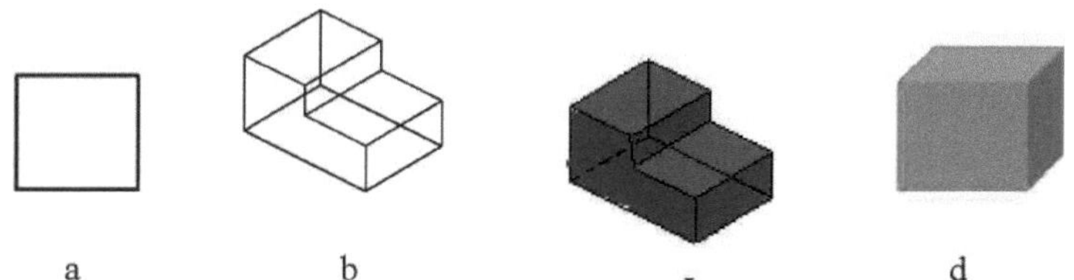

a) Estrutura de arame 2D b) Estrutura de arame 3D c) Modelação de superfícies 3D d) Modelação de sólidos 3D Figura (2-1) Modelação geométrica (investigador)

2- Modelo baseado em objectos (CAD OO)

O CAD baseado em objectos foi introduzido no início dos anos 90 (Autodesk, 2002). Um exemplo de CAD baseado em objectos é o AutoCAD Architecture (anteriormente Architectural Desktop ou ADT).O AutoCAD Architecture foi desenvolvido para que os objectos arquitectónicos inteligentes, tais como paredes, portas e janelas, possam ser criados e adicionados a um projeto durante a fase de desenho.Desenhar num ambiente de modelação 3D. Estes objectos são inteligentes porque conhecem a sua forma, ajuste e função, bem como as suas relações com outros objectos de desenho. Por exemplo, se uma porta for retirada de uma parede, a parede é automaticamente arrumada (Elzarka e Dorsey, 1999).Nos EUA, o acrónimo AEC (Architecture-Engineering-Construction) representa as três principais disciplinas envolvidas na conceção do nosso ambiente construído. A "arquitetura" e a "engenharia" são consideradas disciplinas essencialmente relacionadas com a conceção, enquanto a "construção" está associada ao processo físico de fabrico do produto ou ao planeamento da sua produção (Turk, 2000). Assim, o termo "arquitetura" no AutoCAD Architecture ou "Archi" no ArchiCAD refere-se a colunas, vigas, janelas e portas, e não a MEP; e há software especializado para o desenho de arquitetura, como o TurboFLOORPLAN Home, Landscape Pro, Sweet Home 3D e Home Plan Pro; 3D MAX (geral).

3- Modelação paramétrica

A próxima geração de tecnologia de software para a indústria AEC baseia-se em bases de dados e na geometria inteligente, geralmente designada por "paramétrica". A base de um modelador paramétrico é a utilização de toda a estrutura como uma base de dados 3D para criar informação digital (Cory e Bozell 2001).

A maioria destes programas de modelação foi desenvolvida especificamente para a engenharia mecânica (Bozell, 1999), como referido em (Cory e Bozell 2001). Embora estes programas sejam muito produtivos na indústria da engenharia mecânica, não são de todo adequados para a transição para a indústria da AEC (Risch, 1998), como referido por (Cory e Bozell, 2001). Por esta razão, algumas empresas desenvolveram software paramétrico especificamente adaptado às necessidades da indústria AEC (Cory e Bozell 2001); um dos pacotes AEC paramétricos mais populares é o Autodesk Revit.

2.4.1.2 Normas CAD (camadas)

A estruturação do modelo CAD em camadas (Roberts, 1998) deve ser objeto de uma atenção especial, tal como referido por (Dawood et al, 2002). Este é um princípio fundamental do CAD que implica a capacidade de manipular os elementos do modelo. Além disso, este princípio permite que diferentes membros do projeto comuniquem e troquem ficheiros CAD de uma forma mais compatível. Por conseguinte, a representação da gestão do desenho foi introduzida através da estruturação da informação em camadas de acordo com as normas de camadas CAD (Dawood et al, 2002). Uma norma de desenho CAD uniforme é benéfica não só para a medição automática, mas também para uma série de aplicações. Apoiaria igualmente o desenvolvimento de conferências internacionais de CAD multimédia, a conceção e elaboração de projectos com inteligência artificial e sistemas integrados de conceção e construção de arquitetura/engenharia/construção (Tse e Wong, 2004). A IAI reconhece que certos tipos de TI, incluindo a medição CAD, ainda não são amplamente utilizados no sector da construção. A principal razão para este facto, como referem Tse e Wong (2004), é "*a falta de normas que permitam a troca de informação entre ferramentas de software*" (IAI, 1997).

1- ISO 13567

O nome do nível está dividido em dez campos, cada um dos quais contém um número fixo de caracteres alfanuméricos. Os três primeiros campos são obrigatórios, os restantes são facultativos (Figura (2-2)) (Tse e Wong, 2004).

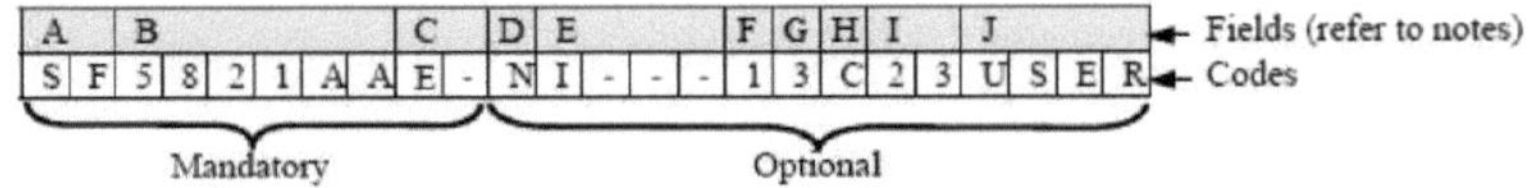

Figura (2-2) ISO 13567 (Tse e Wong, 2004)

Entre os vários campos da norma ISO 13567, o campo obrigatório "Elemento" desempenha um papel importante na medição automática. A sintaxe de seis níveis é suficientemente longa para detalhar suficientemente os elementos dos serviços de construção (Tse e Wong, 2004).

2- BS 1192

A convenção de codificação inclui um campo obrigatório e um campo facultativo, como mostra a figura (2-3). O campo obrigatório é especificado numa sequência de atributos alfabéticos e/ou alfanuméricos, tal como explicado na norma BS 1192. O campo facultativo é especificado nos códigos de caracteres recomendados (Dawood et al, 2002).

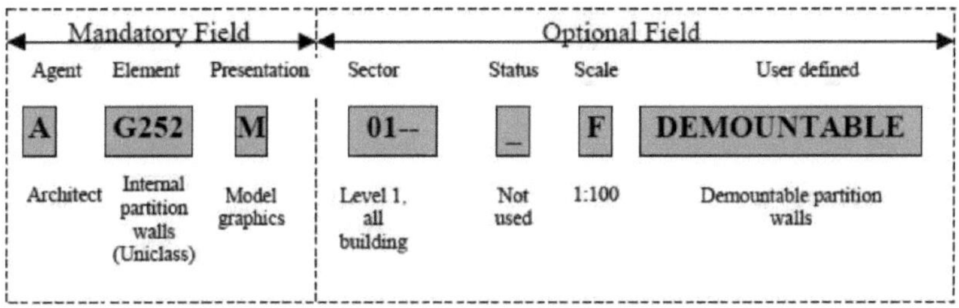

Figura (2-3) BS1192 (Dawood et al, 2002)

Em alguns países existem normas nacionais ou convenções sectoriais para as convenções de estratificação. Estas são cada vez mais aceites pelas organizações AEC/FM nesses países (AEC3, 1999):

- As diretrizes do Instituto Americano de Arquitectos (AIA) em matéria de camadas cad foram amplamente utilizadas nos EUA.
- a conferência do grupo de utilizadores de TI para a indústria da construção na Dinamarca,
- VDI 3805 Folha 1 (um guia de camadas para o planeamento de sistemas HVAC) na Alemanha.
- Existem líderes de turno nacionais no Japão e em Singapura.

2.4.2 Software de estimativa

O cálculo das quantidades de construção é uma das tarefas que pode ser efectuada com a ajuda das tecnologias informáticas. Em geral, o cálculo manual ou a avaliação por software são os dois principais métodos de cálculo de quantidades. A aplicação destes dois métodos tem algumas desvantagens (Lin, 2007):

1. Demora muito tempo.
2. Erros acumulados e erros de dactilografia causados pelo cálculo manual.
3. Algumas áreas não são tidas em conta.
4. Falta de experiência gráfica do pessoal na execução das tarefas de cálculo.
5. Restrições do sistema original, tais como o formato dos dados de entrada, etc.

A precisão da massa do edifício é um dos factores mais importantes no controlo dos custos de construção na indústria da construção (Lin, 2007).

2.4.2.1 Software para orçamentos comerciais

O software pode ajudar a medir, contar, calcular e tabular quantidades, comprimentos, áreas, volumes, etc. de objectos encontrados em planos e especificações. Além disso, a maior parte do software de estimativa de custos pode ser integrado em bases de dados de custos de mão de obra, material e equipamento. Isto tem a vantagem de os dados de custos não terem de ser reintroduzidos, o que aumenta a velocidade da estimativa e evita erros. A estimativa de custos informatizada arquiva e recupera grandes quantidades de informação sobre recursos, custos e produtividade, efectua cálculos rápidos e precisos e apresenta os resultados de forma organizada, clara e consistente (Mathew, 2005). Estes sistemas (como o Precision Estimating da Timberline, atualmente Sage Timberline Office) oferecem várias vantagens em todas as fases da estimativa de custos (Elzarka e Dorsey, 1999), tais como

1. Descolagem (digitador)

O núcleo fundamental da estimativa é o processo de faturação. Uma estimativa não pode ser efectuada sem as informações obtidas durante uma aceitação. Embora o nível de detalhe varie, a necessidade de conhecer a informação obtida durante a descolagem continua a ser crítica (Miller, 2001). Na fase de descolagem, os sistemas informáticos alteraram drasticamente as ferramentas disponíveis, de lápis e papel para digitalizadores interactivos (Elzarka e Dorsey, 1999).

As quantidades são obtidas passando por cima dos elementos das impressões com os digitadores programados (ou, por vezes, designados por software de descolagem no ecrã (Alder, 2006)). O computador efectua então um cálculo, por exemplo, o comprimento de um tubo desde o seu ponto inicial até ao seu ponto final, e armazena a quantidade. Por outras palavras, os digitalizadores substituem as réguas e os computadores efectuam os cálculos. Mas o software digitalizado também tem algumas desvantagens (Tse e Wong, 2004):

a. Em primeiro lugar, duplicam o esforço necessário para introduzir os dados de conceção no sistema CAD durante o processo de conceção e medição.
b. Em segundo lugar, porque tanto os desenhos CAD como os desenhos em papel para levantamento topográfico (por exemplo, plantas, alçados e secções) são fisicamente 2D (tal como os pontos digitalizados no sistema). Por conseguinte, os topógrafos continuam a ter de interpretar manualmente a terceira dimensão e introduzi-la no sistema durante o processo de digitalização.

O efeito múltiplo é que o processo de digitalização é frequentemente criticado como sendo ainda mais longo do que a abordagem manual tradicional (Tse e Wong, 2004).

Um digitalizador simples foi incluído no sistema apresentado nesta investigação. Existem também dispositivos de hardware (Alder, 2006) (Lin, 2007), Figura (2-4)

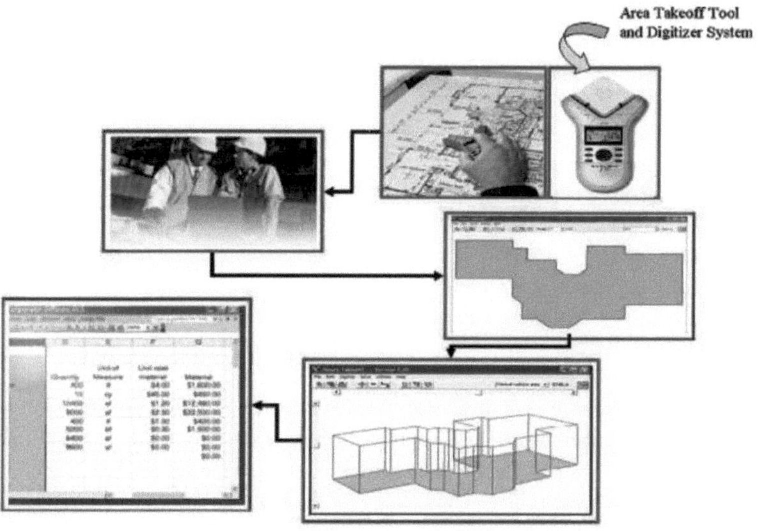

Figura (2-4) Digitador (hardware) (Lin, 2007)

2. **Preços**

Os sistemas informáticos têm uma grande influência na fase de fixação dos preços, na qual são determinados os preços dos artigos selecionados para aceitação. A base de dados destes sistemas contém a maior parte da informação pertinente necessária para preparar uma cotação, como o preço unitário e a taxa de produção. Esta informação só precisa de ser introduzida uma vez na base de dados, onde é armazenada para utilização posterior (Elzarka e Dorsey, 1999).

3. Resumos e relatórios

O software de estimativa também simplificou a fase de síntese e de elaboração de relatórios. O computador pode pegar nos números contidos na estimativa e reorganizá-los em qualquer número de combinações para produzir uma variedade de relatórios ou resumos (Elzarka e Dorsey, 1999).

2.4.2.2 Folhas de cálculo

As grandes empresas de construção utilizam software de orçamentação que custa milhares ou mesmo dezenas de milhares de dólares para comprar (mais dinheiro do que a maioria dos empreiteiros de pequena e média dimensão pode pagar). No entanto, existem formas pouco dispendiosas de criar orçamentos num computador. Uma opção é utilizar folhas de cálculo informatizadas, que têm o poder de programas que custam milhares de dólares;

Figura (2-5). As vantagens dos quadros informatizados são (Christofferson, 1999) (Christofferson, 2008):

1. Rentável
2. Fácil de utilizar
3. Pode ser personalizado para se adequar ao estilo da sua empresa
4. Muito forte.

As folhas de cálculo podem ser tão simples ou tão complexas quanto necessário. Podem eliminar o trabalho fastidioso da preparação de orçamentos e aumentar a eficiência da orçamentação e de outros trabalhos de escritório. Embora muitos empreiteiros utilizem fórmulas básicas, a maioria não faz uso das ferramentas de folha de cálculo que proporcionam o verdadeiro poder na criação de orçamentos com folhas de cálculo (Christofferson, 1999) (Christofferson, 2008).

As folhas de cálculo têm ajudado o orçamentista a calcular as quantidades (utilizando as funções do MS Excel; ou seja, sem extrato) para os itens na estimativa e, em seguida, a expandir os preços para os itens mais rapidamente do que um orçamentista poderia fazer manualmente (Miller, 2001). Ao utilizar uma folha de cálculo, o tempo necessário para criar uma estimativa pode ser reduzido em cerca de um terço em comparação com os métodos manuais (Christofferson, 2000), tal como mencionado por Miller (2001).

Configurar um programa de folha de cálculo num computador é quase o mesmo que criar um orçamento à mão. Demora um pouco mais de tempo a preparar a primeira vez, mas uma vez preparada, todas as estimativas subsequentes podem ser feitas numa fração de tempo. Uma vez criada a folha de cálculo, só é necessário introduzir as quantidades (Christofferson, 2008).

	A	B	C	D	E	F
1		Description	Qty	Unit	$/Unit	Total Price
2		Concrete Works	2	M3	$ 171.00	$ 342.00

Figura (2-5) Posição de partida típica (investigador)

(Christofferson, 1999) (Christofferson, 2008) fornece alguns métodos úteis que podem transformar simples folhas de cálculo em ferramentas poderosas para estimativas rápidas e precisas. No entanto, a principal limitação é o facto de as estimativas se centrarem em quantidades decrescentes, ao passo que esta investigação tenta evitar esta limitação.

2.4.2.3 Folhas de cálculo vs. software de cálculo comercial

Em 1994, a National Association of Home Builders (NAHB) realizou um inquérito "Builder Computer Study". É apresentada uma conclusão sobre a utilização de computadores; é notável a elevada utilização de software de processamento de texto 78 e de software de folha de cálculo 63 entre os construtores (foi demonstrado que muitos construtores já têm uma folha de cálculo no seu computador). Apenas 39% dos construtores utilizavam software de orçamentação em 1994 (Christofferson, 1999).

Em 1997, foi realizado um inquérito de acompanhamento (Christofferson, 1999) (Al-Hadythy, 2006). De acordo com este estudo, Figura (2-6), a utilização de folhas de cálculo aumentou 9 (72-63) por cento e ficou em segundo lugar (depois do processamento de texto) como o software mais utilizado pelos empreiteiros. Embora a utilização de software de orçamentação pelos empreiteiros tenha aumentado, a sua utilização manteve-se relativamente baixa, com 46 (39-46) por cento.

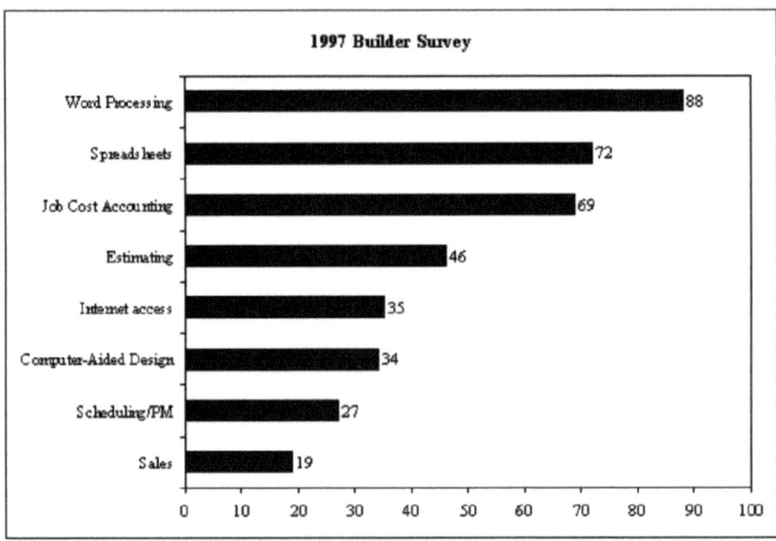

Figura (2-6) NAHB Builders Survey of Computer Usage 1997 (Christofferson, 1999) (Al-Hadythy, 2006)

Um estudo realizado pela CFMA nos EUA em 2002 (Information Technology Survey for the Construction Industry) revela que o Microsoft Excel é o software de orçamentação mais popular, mesmo no grupo das maiores empresas, com 33% de utilização. Outras utilizam software de orçamentação especializado, sendo que 26% utilizam o Precision Collection da Timberline. Até 5 por cento do software de orçamentação foi o resultado de desenvolvimentos internos das empresas, Tabela (2-1).

Quadro (2-1) Software de orçamentação utilizado pelos empreiteiros gerais dos EUA (CFMA, 2002)

Software (vendor)	Used
Excel (Microsoft)	33%
Precision Collection (Timberline, now sage)	26%
ICE-2000 (MC2)	11%
Heavy Bid (HCSS)	6%
Other	19%
Developed in house	5%

Foi demonstrado por (Al-Hadythy, 2006) que o Timberline não está disponível no mercado e é 100% desconhecido para os estimadores.

A utilização de software especializado para a elaboração de orçamentos foi considerada muito limitada (Appa Rao e Narasaiah, 2004). Muitos orçamentistas ainda insistem que as folhas de cálculo tradicionais (especialmente o Excel) são imbatíveis em termos de flexibilidade, atualização de bases de dados, geração de relatórios e personalização dos orçamentos de acordo com as necessidades individuais do cliente. Por outro lado, os pacotes comerciais cumprem o seu objetivo, mas é preciso ter em conta que é necessário passar três a seis meses com uma a quatro pessoas para personalizar os dados nestes pacotes de software (Farah, 2005). Os pacotes comerciais não utilizam bases de dados paralelas, mas podem fazê-lo com folhas de cálculo. (ENR, 2002), tal como referido por (Farah, 2005).

No entanto, a preocupação dos orçamentistas com os produtos de software é que estes devem ser integrados na gestão e calendarização do projeto. Também querem poder alterar os pressupostos, tais como a divisão do trabalho e as taxas de produtividade em que se baseiam os cálculos (Farah, 2005).

2.4.2.4 Integração CAD com o cálculo de custos

Este modelo automatizado utiliza diretamente os ficheiros CAD electrónicos originais para a medição (Walker, 1996), tal como referido por (Tse e Wong, 2004). O objetivo da investigação e desenvolvimento (I&D) para integrar o CAD na orçamentação está a progredir. No entanto, as normas para a integração do CAD estão ainda a ser desenvolvidas pela Aliança Internacional para a Interoperabilidade (IAI/IFC) e a curva de aprendizagem, tanto para especificadores como para projectistas, é ainda largamente desconhecida (Miller, 2001); as normas de integração são discutidas em mais pormenor no Capítulo 3.

Os benefícios vão desde a poupança de custos e de tempo até à maior flexibilidade no cálculo do impacto dos custos de diferentes cenários hipotéticos (alternativas) (Staub et al., 1998). O texto de estimativa da Associate General Contractors (AGC), Construction Estimating and Bidding, cita várias preocupações relativamente à integração do CAD na estimativa (Miller, 2001) (Alder, 2006). Estas preocupações são enumeradas de seguida (Miller, 2001):

1. Quem é responsável pelos erros de quantificação?
2. Que software será suficientemente universal para ser utilizado?
3. Como é que o arquiteto e/ou engenheiro protege os seus direitos de autor se distribuir todo o seu projeto numa forma que possa ser facilmente modificada e copiada por outros?

Além disso, a AGC afirma que a tecnologia pode ajudar o orçamentista, "mas terá sempre muitas limitações" (Swenson et al., 1999), como refere Miller (2001). A tecnologia de integração CAD pode desempenhar um papel mais importante no processo de faturação no futuro (Miller, 2001).

Foram efectuados vários estudos na Universidade de Stanford para demonstrar as capacidades de estimativa com CAD. Um estudo concluiu que aqueles que utilizaram software CAD para a estimativa registaram uma redução de 80% no tempo necessário para a estimativa com uma taxa de erro de +/-3% (Schwegler et al., 2001), tal como referido por Alder (2006).

2.4.2.5 BIM com estimativa de custos

O BIM é abordado em mais pormenor no capítulo 4 (secção 4.6.1).

2.4.3 Software de planeamento e programação

2.4.3.1 Software de planeamento comercial

O trabalho de construção requer um planeamento cuidadoso e uma gestão hábil dos recursos humanos e materiais. Os sistemas informáticos podem ajudar os gestores a planear antecipadamente, avaliar diferentes opções e selecionar e executar o calendário de construção mais eficiente. Os pacotes de planeamento mais utilizados são o Microsoft Project e o primavera para planear e programar actividades de construção pormenorizadas (Mathew, 2005); o primavera foi adquirido pela Oracle em 2008.

2.4.3.2 CAD 4D (integração de CAD com planeamento)

[th]O 4D-CAD foi visto como uma evolução natural dos modelos CAD 3D, uma vez

que acrescenta outra dimensão, nomeadamente a dimensão temporal 4 . Permite representar graficamente os planos de construção, acrescentando a dimensão temporal aos modelos CAD 3D, ou seja, ligando um modelo gráfico 3D a um calendário de construção através de uma aplicação de terceiros (software de conceção CAD 4D) (Heesom e Mahdjoubi, 2004), como mostra a Figura (2-7).

Desde o início dos anos 90, tem havido um interesse crescente na conceção assistida por computador em quatro dimensões (CAD 4D) para a conceção de projectos de construção. Com o aparecimento do CAD 4D como ferramenta para ajudar a compreender os planos do projeto de construção, foram desenvolvidos vários pacotes de software, mas a maioria destes centra-se na utilização do CAD 4D como ferramenta de visualização e não como algo que possa ser utilizado para fins analíticos (Heesom e Mahdjoubi, 2004). O projetista também desempenha um papel crucial na utilização dos sistemas CAD 4D, uma vez que relaciona manualmente os componentes com as actividades de construção e verifica visualmente se ocorrem problemas durante o processo de construção. Os sistemas CAD 4D não contêm qualquer conhecimento sobre o processo de construção em si (Vries e Harink, 2007).

O desenvolvimento do modelo 4D envolveu a categorização das actividades do calendário original, a criação de modelos CAD 3D a partir de desenhos 2D e a criação de relações entre as actividades e os componentes do modelo CAD 3D numa aplicação de simulação 4D. Este processo foi bastante trabalhoso (Koo e Fischer, 2000). Um estudo de viabilidade sobre CAD 4D na construção comercial (Koo e Fischer, 2000) identificou limitações nas fases de desenvolvimento e análise do modelo 4D:

1. A análise do modelo 4D por si só dificultou a compreensão do estado atual do projeto (ou seja, que componentes foram instalados, que actividades foram realizadas). Como já foi referido, o modelo 4D não fornece todas as informações necessárias para avaliar o calendário.

2. Os utilizadores podem deduzir as restrições físicas num modelo 4D (por exemplo, podem deduzir, a partir das implicações espaciais no modelo 4D, porque é que um

pilar foi colocado em frente de uma viga). No entanto, outras actividades são ordenadas com base em restrições não físicas. Por exemplo, as actividades podem ser sequenciadas com base na disponibilidade de recursos ou num método de construção específico. Os modelos 4D não informam o observador sobre essas restrições.

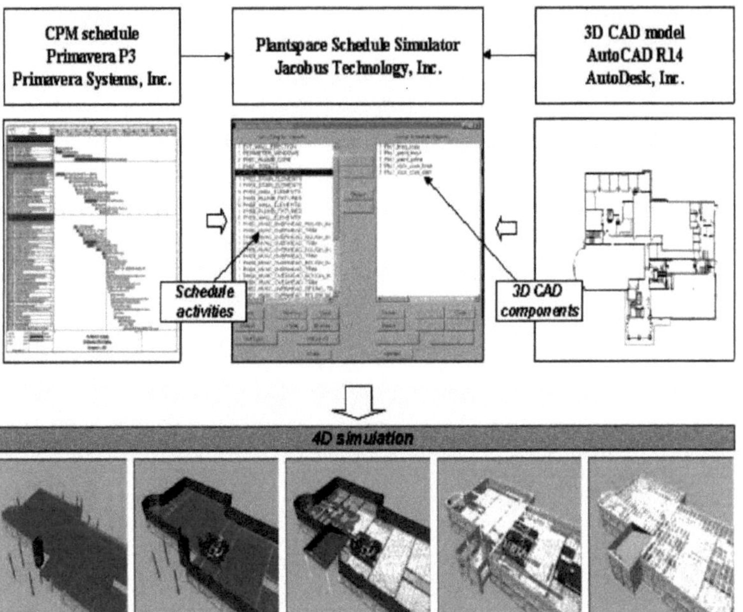

Figura (2-7) Arquitetura geral do sistema para o desenvolvimento de modelos CAD 4D (Koo e Fischer, 2000)

3. O modelo 4D não fornece toda a informação de planeamento mostrada no calendário CPM. O modelo 4D não informa os usuários sobre a disponibilidade de tempos de buffer para as atividades no cronograma.

4. O modelo 4D não mostra quaisquer actividades que não tenham componentes correspondentes (por exemplo, não existe uma forma eficaz de mostrar a atividade Inspeção no modelo 4D).

5. Os modelos 4D actuais apenas transmitem uma perspetiva do projeto e só podem ser vistos com um único nível de detalhe. Isto dificulta a utilização do modelo por

vários participantes no projeto para os seus próprios fins.

6. As ferramentas 4D actuais não suportam a criação rápida de cenários alternativos. Se os utilizadores quiserem fazer uma alteração ao modelo CAD 3D ou ao programa, devem consultar o programa e os modelos CAD 3D nas suas aplicações separadas.

O software 4D mais comummente utilizado é o Plantspace Schedule Simulator desenvolvido pela Jacobus Technology (Staub et al, 1998) (Koo e Fischer, 2000) (Heesom e Mahdjoubi, 2004).

(Vries e Harink, 2007) descreveram um método para gerar automaticamente o projeto de construção a partir de um modelo sólido do edifício no Architectural Desktop (ADT) da Autodesk. No entanto, a integração dos dados CAD com o planeamento da construção e a automatização do planeamento da construção ainda não foi conseguida na maioria dos casos (Arun e Appa Rao, 2005). Se o programa de construção de um edifício puder ser gerado direta e automaticamente a partir dos desenhos criados na fase de projeto, isso será benéfico pelo menos de duas formas (Wang, 2001):

1. Previsão do calendário de construção na fase de conceção para facilitar a otimização do projeto;

2. Utilizar plenamente os dados disponíveis nos desenhos para fins de gestão na fase de construção, como a programação e a estimativa de custos, para reduzir a tediosa manipulação humana dos dados e a potencial fonte de numerosos erros.

2.4.3. BIM com planeamento

O BIM é abordado com mais pormenor no capítulo 4 (secção 4.6.2).

^ .5 Limitações do software atual

O software é uma ferramenta para o utilizador. Não pode fazer tudo e, se o utilizador não souber como lidar com os vários problemas de um projeto, a ferramenta (ou seja, o software) só pode ajudar a documentar os erros com grande precisão.

Os programas informáticos são aplicações de fornecedores comerciais e o seu formato de dados interno é proprietário, pelo que não podem trocar os seus dados de construção extensivos diretamente entre si, a menos que desenvolvam tradutores especializados para o efeito (CRC CI, 2004). Um número (*n*) de tipos de software pode resolver um número (*n*) de tarefas (ou seja, um tipo de software de ferramenta pode resolver uma tarefa simples). É igualmente importante melhorar as capacidades do software existente (FENG, 2006).

Um arquiteto pode utilizar um pacote CAD para produzir uma série de desenhos. Um avaliador/avaliador utilizará então estes desenhos para produzir informações sobre os custos e a lista de quantidades. Um planeador/escalonador de construção também utilizará os desenhos e o BOQ para produzir um calendário de construção. Os participantes utilizam o seu pacote de software preferido e mantêm o seu próprio subconjunto de informações sobre o projeto. Embora esta abordagem esteja bem estabelecida, tem uma série de desvantagens (Marir et al, 1998):

1. A existência de um "défice de informação" entre os participantes
2. Ocorrência de erros ao reintroduzir dados
3. A dificuldade de obter uma visão global do projeto para efeitos de gestão
4. As dificuldades de integração de pacotes de software devido à falta de um modelo concetual comum de informação.

2.5.1 Restrição de CAD

As principais dificuldades de integração são agravadas pela fragmentação da informação sobre o projeto. Espera-se que os desenhos forneçam as informações necessárias aos profissionais de diferentes áreas de interesse e sirvam como principal meio de integração. Embora os sistemas CAD sejam extremamente poderosos, não são amplamente utilizados na indústria AEC. Os profissionais da indústria AEC apenas utilizaram os actuais sistemas CAD como ferramentas de desenho automatizadas, automatizando as suas próprias áreas restritas de especialização. Todos os intervenientes utilizam as suas próprias convenções de desenho e os seus próprios sistemas CAD. A informação sobre o projeto está dispersa de forma descontrolada e descoordenada por uma variedade de sistemas e meios de informação, de modo que o desenho não pode ser considerado como uma unidade completa. Estes obstáculos ao livre fluxo de informação entre os intervenientes no processo de construção conduzem à reintrodução de dados e às imprecisões daí resultantes. Estes são responsáveis por muitos dos problemas de qualidade e pelo aumento do custo dos projectos de construção (Marir et al., 1998).

2.5.1.1 CAD e estimativa de custos

A primeira tarefa do arquiteto é satisfazer as expectativas do cliente relativamente à qualidade do projeto e ao orçamento. O software CAD amplamente utilizado nos gabinetes de arquitetura, como o AutoCAD, não suporta o armazenamento de dados de custos na sua plataforma. Para criar a estimativa de custos, o arquiteto/engenheiro tem de recorrer a outro software. Este pode ir desde uma folha de cálculo MS Excel até ao Timberline (Farah, 2005). Devido à falta de dados para o cálculo de quantidades, os utilizadores têm de calcular as quantidades à mão e com a sua imaginação (Lin, 2007).

2.5.1.2 CAD e planeamento

Os documentos gráficos CAD não contêm muitas vezes a informação necessária para um planeamento eficaz do projeto. A informação que é suficiente para a conceção do projeto é muitas vezes insuficiente para cumprir os requisitos do planeamento do projeto (Chen e Feng, 2008).

As principais tarefas do CAD são o desenho e a visualização (Lin, 2007). No entanto, estas não são vistas como fraquezas do AutoCAD, uma vez que este software é apenas uma ferramenta de desenho geral. Por isso, cabe aos profissionais de cada profissão tirar o melhor partido dele (Eben Saleh, 1999). O investigador esforçou-se por ajudar os profissionais da gestão da construção, desenvolvendo o sistema (InCADEP) apresentado neste estudo, que os ajudará na estimativa e no planeamento.

2.5.2 Limitações do software de estimativa

O orçamentista deve começar por introduzir mais componentes e tamanhos; depois, o software pode calcular automaticamente as quantidades e criar a lista de quantidades (BOQ). Obviamente, o software não é capaz de efetuar o cálculo automático (extrato). O principal problema técnico do software de cálculo de quantidades é a identificação dos desenhos. Nalguns países desenvolvidos, têm sido utilizadas na construção aplicações avançadas, tais como sistemas especializados baseados no conhecimento e simulações (FENG, 2006).

2.5.3 Restrição do software de planeamento e programação

O software de programação da construção requer a introdução de dados completos por parte do planeador. No entanto, devido à complexidade dos projectos de construção e às limitações das técnicas convencionais de programação de software, este software só é adequado para um modelo de rede preparado de um projeto. São utilizados principalmente para efetuar cálculos com os dados de entrada fornecidos pelo projetista. Os dados de entrada necessários consistem geralmente numa lista de actividades (definição de actividades) com a duração estimada (não é possível saber quanto tempo uma tarefa demorará) e dependências lógicas (ou seja, apenas podem ser efectuados cálculos). Mesmo que o projeto seja baseado em CAD, os dados requeridos pelo software de planeamento da construção não podem ser extraídos diretamente por este software a partir dos dados já presentes nos desenhos CAD criados na fase de projeto, mas devem ser reintroduzidos manualmente pelo planeador (Wang, 2001) (Arun e Apaa Rao, 2005). Este facto limitou, de facto, a aplicação da técnica de conceção de redes e do software nela baseado para a conceção de edifícios (Wang, 2001), uma vez que são geradores e calculadores de relatórios de conceção e não ferramentas de conceção que ajudam os projectistas e os gestores de projeto e fornecem soluções alternativas. Esta afirmação não pretende minimizar as grandes melhorias que a automatização informática trouxe ao evitar erros matemáticos no cálculo manual das actividades: início precoce, fim precoce, início tardio, fim tardio e identificação do caminho crítico (Mohamed e Celik, 2002). A transferência de dados da fase de projeto para a fase de construção é feita manualmente e tem muitas deficiências (Arun e Apaa Rao, 2005) (Wang, 2001). Por outro lado, o projeto de construção e o planeamento da construção são muito profissionais e diferentes e requerem engenheiros de cada disciplina com diferentes formações e conhecimentos (Wang, 2001). Efetuar manualmente os cálculos do calendário é uma tarefa difícil.

A Figura (2-8) abaixo dá uma visão geral dos problemas e dificuldades enfrentados pelo sector da construção na utilização de software (Appa Rao e Narasaiah, 2004), a Tabela (2-2) mostra o software AEC mencionado nesta investigação.

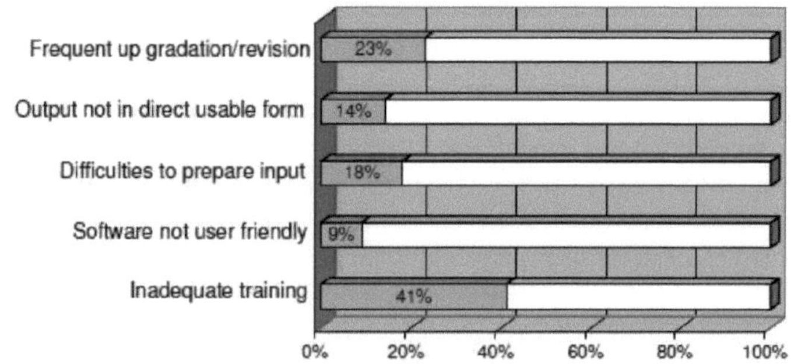

Figura (2-8) Problemas/dificuldades na utilização de software (Appa Rao e Narasaiah, 2004).

Por último, os utilizadores consideram que as funções de importação e exportação (intercâmbio de dados\interoperabilidade) são as funções em falta mais importantes (25 respostas). Os componentes e objectos inteligentes foram importantes para (5 respostas). A função seguinte mais importante foi a função de estimativa e levantamento de quantidades (4 respostas). Esta função parece ser ainda mais importante, uma vez que várias pessoas sentiram falta de funções de "exportação", especialmente para software de orçamentação (InPro, 2007), como mostra a Figura (2-9).

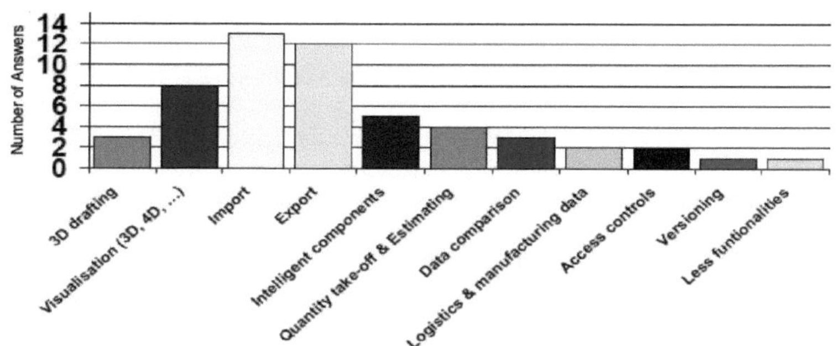

Figura (2-9) Funcionalidades em falta (InPro, 2007)

Quadro (2-2) Software AEC (investigador)

Vendor	Software		Application	Native Data Format	
Autodesk	AutoCAD		CAD	dwg (DraWinG)	
Graphisoft	ArchiCAD		CAD	pln	
Autodesk	Revit		CAD (Parametric)	rvt (ReViT)	
Bentley	MicroStation		CAD	dgn (DesiGN)	
Microsoft	Excel		Estimating (Spreadsheet)	xlcx , xlx	
Sage	Timberline		Estimating	pee (PrEcision Estimation)	
Microsoft	Project		Plannning	Mpp (Microsotft Project Plan)	
Oracle	Primavera		Plannning		

2.6 Processo de construção

O processo de construção é um processo no qual são fabricados produtos de construção, tais como edifícios. Devido à sua complexidade, divide-se em vários subprocessos, que por sua vez incluem outros subprocessos. Os dois principais tipos de processos são os processos materiais e os processos de informação (Turk, 1997) (Bjork, 1999), como mostra a Figura (210). Nas fases iniciais do ciclo de vida de um edifício, tais como a especificação dos requisitos, a conceção, a viabilidade, o projeto e o planeamento, a maioria das tarefas centra-se no processamento dos

Informação, o resultado destas tarefas é a informação (Turk, 1997).

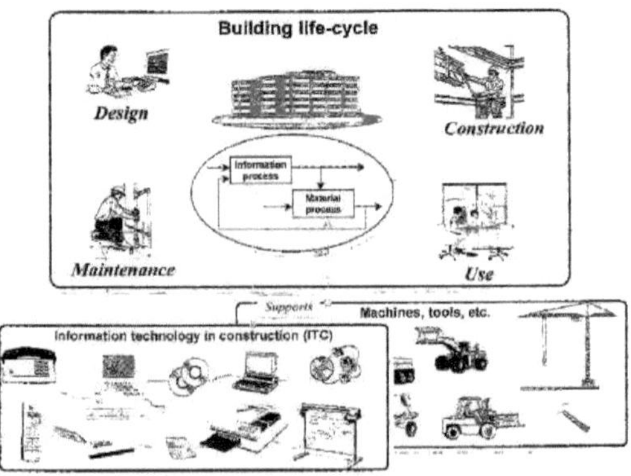

Figura (2-10) Processo de construção (Bjork, 1999)

2.6.1 Processos materiais

No entanto, na produção de materiais e na construção propriamente dita, as matérias-primas e os componentes são utilizados para fabricar produtos de construção. Os processos materiais são controlados por processos de informação (por exemplo, a informação de planeamento especifica a quantidade de reforço que deve ser instalada numa laje de betão) (Turk, 1997) (Turk, 2000).

2.6.2 Processos de informação

Os processos de informação são processos cujo input e output mais importante é a informação. Os processos de informação mais importantes são a conceção e o planeamento (Turk, 2000). Este estudo centra-se nos processos de informação.

O processo de construção é um processo de informação intensiva (Sun e Aouad, 1999). No planeamento do projeto de construção, o processamento da informação é talvez o maior desafio para as equipas de projeto. À medida que a dimensão ou a complexidade de um projeto de construção aumenta, a eficiência e a precisão do processamento de informações entre os vários intervenientes no projeto têm um enorme impacto no desenvolvimento e na execução bem sucedidos de um plano de projeto de construção (Chen e Feng, 2008).

Na prática, o processamento da informação é essencialmente feito manualmente pela maioria das equipas de projeto. A equipa de projeto deve estudar os desenhos de conceção 2D e os documentos contratuais e examinar o local para desenvolver novos planos sobre o orçamento, o calendário, etc. Estes planos de projeto são geralmente criados independentemente uns dos outros. Além disso, estes planos de projeto são geralmente criados de forma independente. Esta abordagem representa um grande encargo para a equipa do projeto, uma vez que é necessário reunir manualmente uma grande quantidade de informações para produzir um plano abrangente (Waly e Thabt, 2002), como também referido por Chen e Feng (2008). Por exemplo, continua a ser muito difícil integrar as informações do orçamento e do calendário. Por conseguinte, é difícil considerar as implicações dos custos e do calendário durante o processo de tomada de decisão (Chen e Feng, 2008).

Com o atual desenvolvimento da tecnologia informática, vários projectos de investigação estão a tentar desenvolver métodos inovadores para o processamento de informações sobre projectos. Com base nos avanços nas normas de dados, nos sistemas CAD e nos sistemas de informação, muitos investigadores tentaram simplificar as tarefas de processamento de informações através da modelação e da normalização das informações necessárias para a conceção, a construção e o funcionamento dos activos construídos (Chen e Feng, 2008).

Os processos estão interligados (o processo precedente prepara os inputs de um processo subsequente), mas a transição dos outputs para os inputs nem sempre é suave. Os resultados têm frequentemente de ser alterados para serem úteis no processo subsequente. Cada processo de informação pode ser visto de duas perspectivas: como criação de informação e como utilização de informação

(por exemplo, o processo de informação da conceção, o processo de conceção arquitetónica fornece resultados que são utilizados pelo processo de conceção estrutural). Regra geral, os resultados do processo de criação de informação não são diretamente úteis como entrada para o processo subsequente (os processos não estão integrados). Por conseguinte, os dois processos devem ser ligados por um processo de colagem ou integração (Figura (2-11)). Por conseguinte, é possível efetuar a seguinte diferenciação de processos: (Turk, 1997) (Turk, 2000).

2.6.2.1 Processos básicos

Os processos básicos são os processos de valor acrescentado mais importantes ou os processos centrais, por exemplo, o cálculo de tensões em vigas. Do ponto de vista do objeto a ser processado, os processos básicos são processos de geração de informação ou processos de utilização de informação (Turk, 1997) (Turk, 2000).

2.6.2.2 Processos de ligação (integração)

Os processos de ligação garantem que a informação flui do processo de criação para o processo de utilização e que o processo de utilização a pode utilizar. Por exemplo, o desenho do edifício feito pelo arquiteto é convertido num formato que pode ser utilizado pelo software de análise de elementos finitos. Devido à sua função, os processos de ligação são também designados por "processos de integração". Por vezes, são também designados por "não acrescentam valor" (Turk, 1997) (Turk, 2000).

Um processo de informação tem as seguintes caraterísticas (Turk, 2000):

1. Entrada: Informação que flui para o processo.
2. Saída: Informação sobre a saída do processo.
3. Executor: Pessoa ou aplicação que executa o processo.
4. Cliente: Pessoa ou aplicação que solicitou a execução deste processo. Os executores e os clientes têm funções.
5. Método: Os processos são executados através de métodos que requerem ferramentas.
6. Prazo: Os processos levam tempo, são planeados, etc.
7. Tem processos relacionados (subprocessos, processos anteriores e posteriores).

Um fator-chave no potencial de mudança do processo empresarial é a capacidade de reduzir o número de vezes que a mesma informação é reintroduzida no computador. Estudos realizados por Laing no Reino Unido mostraram que isto pode ocorrer 5 a 6 vezes (para determinadas informações) durante o ciclo de vida do projeto. De cada vez que esta informação é introduzida (tendo sido previamente introduzida para um fim diferente), são incorridos custos e tempo. Se a informação pudesse ser introduzida numa base de "introduzir uma vez, ler muitas vezes", haveria uma clara vantagem comercial (AEC3, 1999).

Os computadores são utilizados no sector da construção para criar novas informações, por exemplo, utilizando software CAD. O objetivo era automatizar os processos básicos e reduzir a intervenção humana. Isto conduziu às "ilhas de automatização" e, por fim, à construção informatizada. A investigação sobre a Construção Integrada por Computador (CIC) centrou-se na procura, deslocação e reutilização da informação. Atualmente, os seres humanos são demasiadas vezes a cola entre as aplicações. A redução da intervenção humana no controlo dos processos de ligação conduz à construção integrada por computador. A redução da intervenção humana nos processos de base e de ligação conduz à conceção assistida por computador, Figura (2-11) (Turk, 1997) (Turk, 2000).

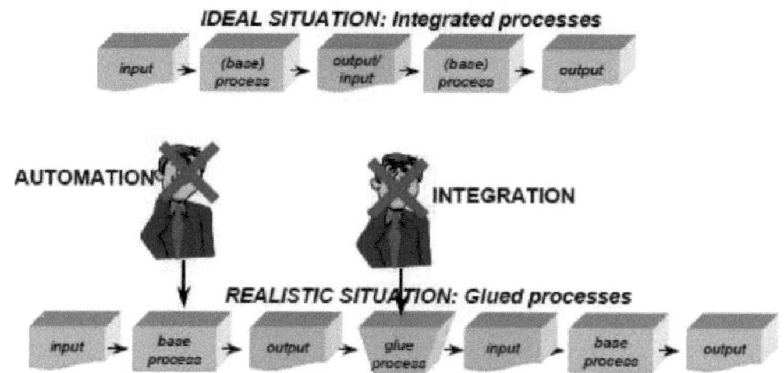

Figura (2-11) Processos integrados e colados (não integrados); a integração e a automatização são
conseguidas através da eliminação do controlo humano (Turk, 1997) (Turk, 2000)

Capítulo 3

Integração no sector da construção

3.1 Introdução

A construção é uma atividade de colaboração que envolve uma equipa multidisciplinar composta por cliente, arquiteto, engenheiro, consultor, empreiteiro, etc. Cada membro desta equipa é responsável por determinados aspectos do projeto. Cada membro desta equipa é responsável por determinados aspectos do projeto. Os diferentes grupos profissionais utilizam os seus próprios procedimentos para cumprir as suas tarefas, mas têm frequentemente de confiar em informações fornecidas por outros. Atualmente, o problema de comunicação entre os membros da equipa é frequentemente uma causa de atrasos no projeto e de defeitos de construção. Com a utilização generalizada do software AEC, a comunicação interdisciplinar tradicional está a tornar-se cada vez mais um problema de troca e partilha de dados entre diferentes aplicações de software (Sun e Aouad, 1999).

O intercâmbio de informações entre os participantes no projeto ainda é, em grande parte, feito em papel. Além disso, verificou-se que o sector da construção não dispõe de um sistema informático integrado que abranja todo o processo de construção, embora as TI avançadas e a tecnologia existente o possam tornar possível.

Verifica-se que as aplicações informáticas estão fragmentadas (Hoard et al., 1989), uma vez que tratam de problemas específicos/individuais, tais como projectos de arquitetura, análises e projectos estruturais, planeamento, programação e gestão da construção, etc. Atualmente, as TI são principalmente utilizadas para a transmissão eletrónica de informações textuais (especificações, relatórios, cartas/documentos, etc.) e gráficas (projectos de arquitetura, desenhos técnicos, etc.). Uma vez que os pacotes de software de aplicação utilizados pelos parceiros da indústria AEC são de diferentes criadores/fornecedores, os formatos de dados utilizados nas aplicações de software diferem, o que coloca problemas no intercâmbio de dados e na interoperabilidade, uma vez que não são compatíveis entre si (ApaaRao e Narassaiah, 2003). Consequentemente, os dados não podem ser trocados eletronicamente entre eles. Esta é a preocupação de muitos investigadores e profissionais do sector, uma vez que as aplicações informáticas não estão integradas para se obterem todos os benefícios. Nos últimos anos, tem havido uma sensibilização crescente para a necessidade de processos de construção integrados e vários centros de investigação em todo o mundo estão a abordar estas questões (Mathew, 2005), como o Center for Integrated Facility Engineering (CIFE) da Universidade de Stanford.

Nas últimas duas décadas, os avanços na programação orientada para objectos, nos sistemas de bases de dados e nas tecnologias de modelização de dados de produtos criaram uma plataforma sólida para a integração. Estão a ser desenvolvidas normas de dados. Uma base de dados de projectos integrada que cubra todo o ciclo de vida dos projectos de construção continua a ser uma perspetiva para o futuro (Matheu, 2005).

3.2 Fragmentação no sector da construção

A natureza da indústria da construção difere de outras indústrias, como a indústria transformadora. A natureza temporária e a singularidade dos projectos de construção reflectem-se em locais únicos, soluções de conceção únicas e equipas de projeto únicas, o que resulta numa plataforma de comunicação muito fragmentada, como mostra a Figura (3-1). Este facto conduziu a uma comunicação deficiente e a uma informação ineficaz (Hore, 2006).

Em particular, o sector da AEC caracteriza-se pela fragmentação (Howard et al., 1989); devido a esta fragmentação, a coordenação entre as diferentes partes interessadas ao longo do processo de construção pode ser uma tarefa difícil (Chan e Leung, 2004). Além disso, a fragmentação da informação nos documentos do projeto sempre foi um obstáculo à partilha e à troca de informações entre as diferentes partes interessadas e as diferentes fases (Chen e Feng, 2008).

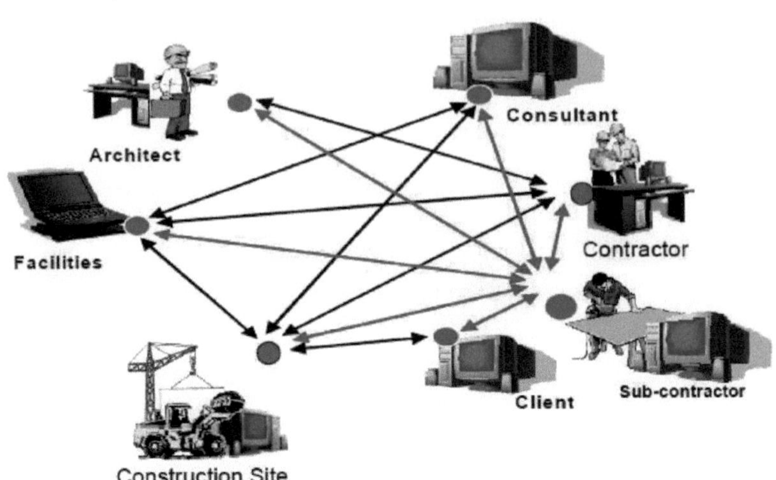

Figura (3-1) Natureza fragmentada do sector da construção (Hore, 2006)

3.2.1 Fragmentação geográfica

Como o produto final é de grandes dimensões e não pode ser transportado, as empresas precisam de estar localizadas perto do local de fabrico. O transporte de grandes recursos para um local remoto e a manutenção de uma mão de obra altamente qualificada nesse local implicam custos económicos significativos, o que leva as empresas a especializarem-se na adjudicação de contratos numa determinada área geográfica. É imediatamente evidente que a indústria da construção é geograficamente fragmentada (O'Brien e Al-Biqami, 1998), uma vez que as localizações dos projectos e as localizações dos parceiros são geralmente geograficamente diversas (Chan e Leung, 2004).

A troca de informações entre as principais partes interessadas, como os gestores de projeto, arquitectos, empreiteiros e engenheiros, é muitas vezes feita sob a forma de cartas, ordens de alteração, desenhos, etc. Durante a fase de construção, é necessária uma boa comunicação entre os intervenientes no projeto no local e os que trabalham a partir dos seus escritórios para evitar mal-entendidos ou falta de informação que podem levar a atrasos na conclusão dos projectos (Chan e Leung, 2004).

O investigador considera que os avanços nas TI e especialmente na comunicação, como os telemóveis e a Internet (correio eletrónico, chat e videoconferência), são ideais para a indústria AEC. Oferecem a melhor solução de comunicação para a fragmentação geográfica.

3.2.2 Fragmentação funcional (organizacional)

A fragmentação existe tanto em fases individuais do processo de construção como em todas as fases do projeto, desde o planeamento, conceção e construção até à manutenção e funcionamento dos edifícios. Os problemas resultantes da fragmentação afectam a produtividade e a competitividade de toda a indústria da AEC. A fragmentação no sector da AEC aumenta os custos em toda a economia (Howard et al., 1989).

Este tipo de fragmentação manifesta-se de duas formas: horizontal e verticalmente. Em termos funcionais, os parceiros do projeto assumem diferentes papéis ao longo do processo de construção (fragmentação horizontal: entre especialistas numa fase específica do projeto, por exemplo, conceção) (fragmentação vertical: entre fases do projeto, por exemplo, planeamento, conceção e construção) (Howard et al., 1989) (Chan e Leung, 2004).

3.3 Integração no sector da construção

A indústria AEC continua a trocar dados e decisões de projeto como há um século atrás, com desenhos e relatórios em papel. Tem havido alguns progressos no intercâmbio de ficheiros de desenho entre software CAD e as organizações de normas de dados estão a trabalhar para melhorar a qualidade e a fiabilidade deste intercâmbio. No entanto, à medida que avançamos para o intercâmbio automatizado de dados e para a integração de dados em todas as fases do projeto, o maior desafio é desenvolver arquitecturas de dados que sejam não só *"legíveis por máquina"* mas também *"utilizáveis por máquina"*. Por exemplo, o software CAD típico produz representações vectoriais e simbólicas legíveis por máquina (modelação geométrica), mas é necessária informação adicional para quantificar os elementos do projeto sob a forma de listas técnicas/materiais (Howard et al, 1989).

A falta de integração entre projectistas, construtores, proprietários e operadores de edifícios significa que se perdem oportunidades importantes para melhorar o desempenho dos projectos. Os riscos imprevistos decorrentes da falta de informação a diferentes níveis durante o desenvolvimento e a vida de um edifício aumentam os custos. Até à data, a utilização de computadores no desenvolvimento de edifícios tem exacerbado, em vez de atenuar, esta fragmentação organizacional existente (Howard et al., 1989).

O aumento da escala e da complexidade da produção da construção exige um maior número de intervenientes e uma comunicação mais eficiente entre eles. Devido à natureza fragmentada do processo de construção, as empresas de construção sempre procuraram novas formas de integrar as funções inter e intra-organizacionais (Nam e Tatum, 1992), como referem Kanoglu e Arditi, 2004. De facto, os envolvidos nas actividades de construção sempre encorajaram os investigadores a concentrarem-se nas questões de integração, na esperança de que essa investigação pudesse eliminar as consequências da fragmentação que existe atualmente na indústria da construção. As tentativas para contrariar a fragmentação podem ser feitas a três níveis, nomeadamente (Kanoglu e Arditi, 2004):

1. Nível organizacional: incluindo abordagens como as parcerias e os contratos de conceção/construção,
2. Nível do processo: incluindo métodos como a produção optimizada, a gestão da cadeia de abastecimento, a entrega just-in-time e
3. Nível virtual: compreende pacotes de software e hardware para integrar as actividades das partes envolvidas, como o sistema integrado descrito neste estudo.

A introdução dos computadores na indústria da construção alterou a forma como os edifícios são concebidos, os desenhos de engenharia são produzidos, o planeamento e a programação da construção são efectuados, mas não o método de partilha de dados entre diferentes aplicações, partes e organizações. Atualmente, existem muitos pacotes de software disponíveis para resolver vários problemas no domínio da AEC, tirando partido da velocidade de cálculo e visualização. No entanto, apesar dos avanços consideráveis nas tecnologias informáticas e de informação, o desenvolvimento de software de aplicação é fragmentado (Howard et al., 1989) e exige uma quantidade significativa de julgamento profissional e de interface ao longo do processo de planeamento, projeto e construção de edifícios. As aplicações informáticas têm-se centrado na automatização de tarefas técnicas individuais, ou seja, na criação de ilhas de informação. É amplamente reconhecido que a automatização integrada do processo de projeto e construção pode melhorar a produtividade da indústria AEC (Apparao e Narassaiah, 2003).

A figura (3-2) é um "roteiro" que mostra quando e por quem as diferentes aplicações são utilizadas durante o processo de construção. Cada grupo de aplicações gosta de uma ilha de automatização. Embora as aplicações individuais possam ser boas na automatização de determinadas tarefas, a falta de integração entre aplicações individuais (fragmentadas) significa que a mesma informação sobre o edifício tem de ser introduzida várias vezes e armazenada em locais diferentes. Isto conduz naturalmente à ineficiência e aumenta o risco de erros (Sun e Aouad, 1999).

As tecnologias da informação oferecem uma esperança real para resolver os problemas de fragmentação no sector da AEC (Howard et al., 1989). Os avanços nas TI podem ser utilizados para desenvolver métodos/abordagens adequados à integração de diferentes aplicações informáticas, a fim de maximizar os benefícios para a indústria da AEC (Arun e Appa Rao, 2005).

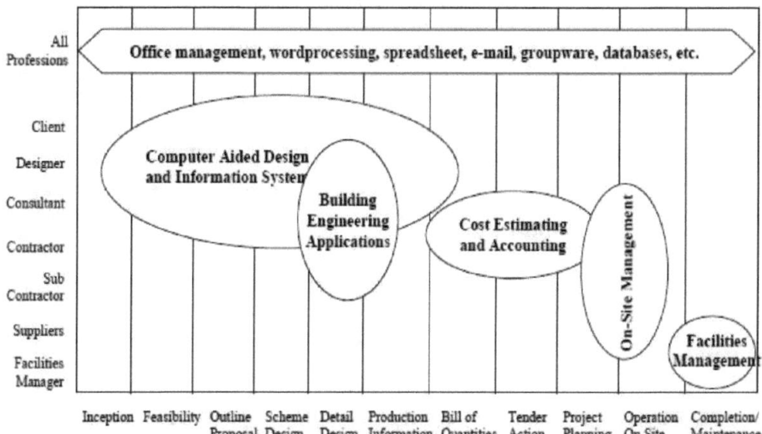

Figura (3-2) Aplicações das TI no sector da construção (ilha de automatização) (Sun e Aouad, 1999)

Com a rápida melhoria das tecnologias informáticas e de comunicação, as TI são amplamente reconhecidas como a tecnologia que permitirá a integração desejável e, por conseguinte, a melhoria da eficiência no sector da construção. A integração é a chave para melhorar o desempenho no fragmentado sector da construção. A investigação dos últimos anos conduziu a algumas tecnologias de integração que amadureceram rapidamente, como a modelação de dados, a base de dados integrada de projectos, a gestão e o intercâmbio de dados, a integração com software de aplicação de terceiros, etc. (Sun et al., 2000). Com a utilização crescente de computadores, o processo de construção está a evoluir de uma entrega de projectos "em papel" para um futuro ambiente integrado totalmente informatizado que suporta uma forma de trabalho simultânea. No entanto, esta mudança levará muito tempo (Sun e Aouad, 1999). A integração de software no processo de

No sector da construção, as ligações foram desenvolvidas principalmente entre pacotes comerciais autónomos. Por exemplo, os sistemas integrados de projeto/estimativa e os sistemas integrados de projeto/CAD foram desenvolvidos por investigadores individuais. A integração através do estabelecimento de normas para o intercâmbio de dados também está a progredir (Maria et al., 1998).

Existem atualmente várias tecnologias de integração em diferentes fases de investigação e desenvolvimento (I&D). Os esforços de integração podem ser divididos em três categorias, consoante o âmbito e a profundidade da integração de processos e dados (Figura 3-3) (Sun e Aouad, 1999).

1. Sistemas de gestão eletrónica de documentos (EDM)

2. Intercâmbio de dados (interoperabilidade entre aplicações autónomas)
3. Sistemas integrados (CIC)

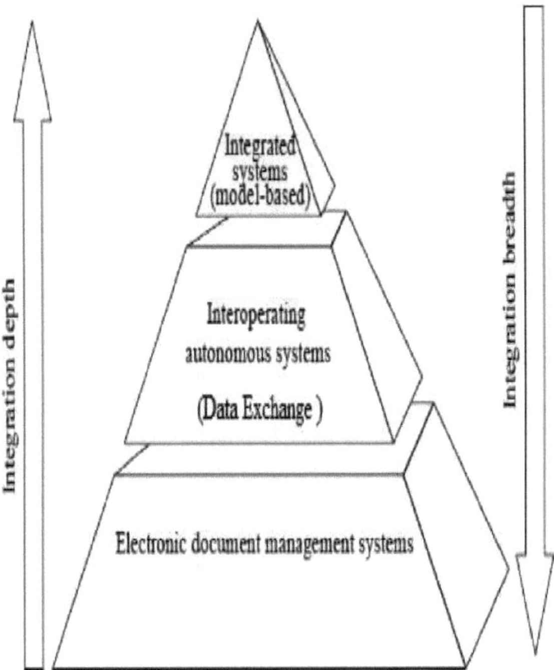

Figura (3-3) Três níveis de integração (Sun e Aouad, 1999)

3.3.1 Gestão eletrónica de documentos (EDM)

O processo de construção é um processo de informação intensiva em que grandes quantidades de informação são geradas e utilizadas por todos os profissionais. Para gerir a informação de forma eficaz, um sistema de organização e manutenção fiável é o requisito mais importante para os profissionais da construção actuais. Uma das soluções mais populares é um sistema de gestão eletrónica de documentos (EDM); Figura (3-4) (Sun e Aouad, 1999).

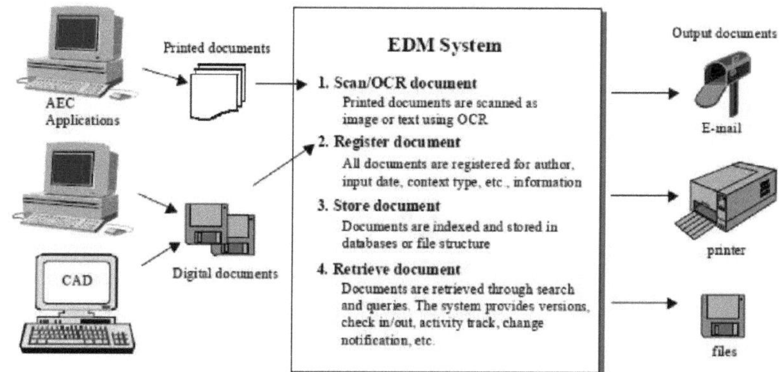

Figura (3-4) Configuração de um sistema de gestão de documentos (Sun e Aouad, 1999)

No entanto, o sistema EDM é uma forma de integração ampla mas superficial. Todas as aplicações AEC são independentes do sistema de gestão. O sistema apenas gere os resultados, ou seja, os documentos de um projeto, das aplicações AEC. Cada documento é tratado como uma unidade, o que significa que cada documento tem o seu próprio formato específico e não pode ser trocado diretamente/automaticamente por computador. O sistema não tem conhecimento do conteúdo pormenorizado do documento (Sun e Aouad, 1999).

3.3.2 Intercâmbio de dados

Num ambiente de construção integrado por computador, o intercâmbio de dados refere-se ao "*intercâmbio de dados entre aplicações AEC, frequentemente utilizando ficheiros de formato neutro*". Uma aplicação de envio (exportador) converte os dados do seu formato interno e codifica-os num formato neutro estabelecido. Este ficheiro é então transferido para a aplicação recetora (importador), onde os dados são traduzidos para o formato interno do sistema recetor (Sun e Aouad, 1999). No entanto, o intercâmbio de dados ainda não está estabelecido e há ainda muitas questões técnicas por resolver no sector da AEC (Apparao e Narassaiah, 2003).

Se a integração dos diferentes programas fosse facilitada, poderiam ser desenvolvidos e integrados muitos mais programas num único sistema que pudesse ser utilizado por arquitectos, projectistas, orçamentistas, etc. Num sistema integrado, estas representações necessitam de uma forma de transferir informações entre si. O intercâmbio de dados pode ser efectuado através de um dos seguintes métodos (Nassar, 1999):

3.3.2.1 Tradução direta

Com o método de tradução direta, é necessário desenvolver tradutores para cada software desenvolvido. Quando é desenvolvido novo software, são necessários novos tradutores para trocar dados com o outro software existente. Se *n* é o número de aplicações que precisam de trocar dados entre si, então são necessários *n (n-1)* tradutores (Owen, 1993), tal como referido por (Nassar, 1999). medida que o número de aplicações aumenta, o número de tradutores necessários cresce exponencialmente, como mostra a Figura (3-5) (Nassar, 1999).

3.3.1.1 Formato de ficheiro neutro

Com este método, os criadores de software oferecem a opção de escrever a representação interna do seu software num formato neutro. Este formato neutro pode então ser lido por outro software, e as estruturas de dados do formato de ficheiro neutro podem ser mapeadas para as estruturas de dados internas do software. Uma vantagem importante deste método é que o número de tradutores necessários para este método é menor do que para o método de tradução direta por pares. O número de tradutores necessários neste método é igual a *2n,* como mostra a Figura (3-5) (Nassar, 1999).

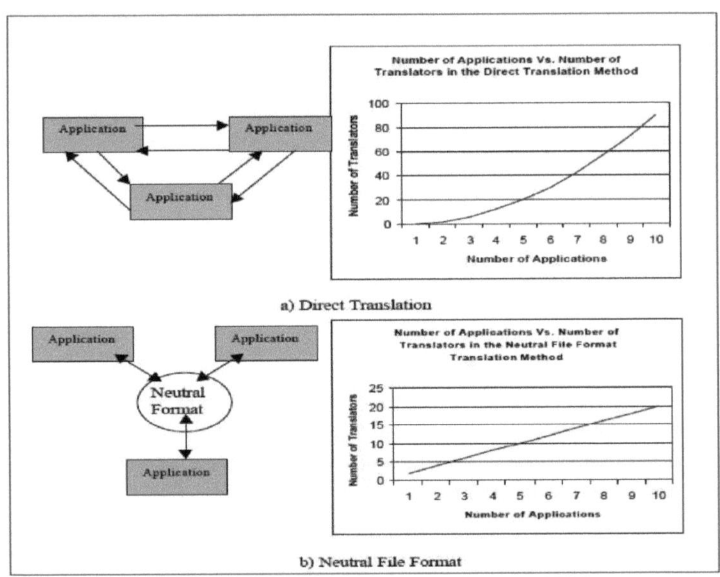

Figura (3 - 5) Métodos de tradução (Nassar, 1999)

1- Formato de intercâmbio de desenhos (DXF)

O DXF é um formato de ficheiro bem conhecido para o intercâmbio de ficheiros gráficos entre sistemas CAD (Sun e Aouad, 1999). O DXF foi originalmente introduzido em 1982 como parte do AutoCAD e destinava-se a fornecer uma representação exacta dos dados no formato de ficheiro nativo do AutoCAD, o DWG. O formato de ficheiro nativo é o formato de ficheiro predefinido utilizado por um programa para criar, editar ou publicar um ficheiro e é frequentemente um formato de ficheiro proprietário.

A utilização de formatos de ficheiros nativos é muitas vezes preferida à utilização de DXF para garantir que não há perda de dados durante o intercâmbio. No entanto, este tipo de intercâmbio de dados tem lugar a um nível muito baixo, tendo cada participante de reinterpretar os dados para o seu próprio objetivo (Maria et al., 1998). Embora os protocolos de comunicação DXF existentes permitam a transferência de dados a baixo nível, são frequentemente incapazes de estabelecer pontes entre ilhas de informação (Apparao e Narassaiah, 2003).

Trata-se de um formato relativamente simples e universal que é suportado pela maioria dos pacotes de software CAD. Dado que o nível de abstração é baixo, a informação do projeto tem de ser codificada, por exemplo, utilizando informação sobre cores ou camadas. São frequentemente necessários especialistas para verificar e corrigir os dados recebidos (MIJ Jurasz, 2003).

Os ficheiros AutoCAD são normalmente guardados nos formatos de ficheiro DWG e DXF. No entanto, estes formatos de ficheiro são criados por programadores de software e os seus recursos não estão disponíveis ao público devido à concorrência comercial. Em muitos casos, isto leva a problemas de interoperabilidade entre diferentes aplicações, razão pela qual foram desenvolvidas as normas de dados.

2- Normas de dados

As normas de dados são inicialmente desenvolvidas pelas organizações internacionais de normalização (STEP) e depois pela Aliança Internacional para a Interoperabilidade (IFC). Atualmente, estas normas ainda estão em desenvolvimento (Matheu, 2005). Atualmente, existem dois grandes esforços de investigação para definir um formato de ficheiro neutro para a indústria da construção (o segundo formato é específico para a indústria da construção): o ISO STEP e o IAI IFC (Nassar, 1999) (Bjork, 1999) (Rankin et al, 1999) (Sun et al, 2000).

Ao utilizar normas para diferentes tipos de dados, estes dados podem ser partilhados entre os participantes no projeto (Maria et al., 1998). Embora as normas também tenham desvantagens, por exemplo, porque são aplicadas em grandes domínios de aplicação, são pouco adequadas para certas aplicações e podem inibir o progresso e a inovação, muitos investigadores e profissionais acreditam que são importantes para permitir avanços significativos nas capacidades de integração (Fischer e Froese, 1996), tal como também referido por Kanoglu e Arditi, 2004.

2-a ISO 10303 (STEP)

O seu título oficial é "Industrial automation systems and integration - Representation and exchange of product data", conhecido como "STEP" (Standard for The Exchange of Product data), também conhecido como ISO 10303, fornece um mecanismo capaz de descrever os dados do produto ao longo do seu ciclo de vida, independentemente de um sistema específico. Esta descrição é adequada não só para o intercâmbio neutro de ficheiros, mas também como base para a implementação e partilha de bases de dados e arquivo de produtos. O STEP é utilizado por organizações líderes nas indústrias aeroespacial, automóvel, da construção naval e da defesa, incluindo empresas como a Boeing, a IBM e a NASA (ISO, 2010).

2-b Classes de base da indústria (IFC)

O modelo de dados IFC é uma especificação neutra e aberta que não é controlada por um único fornecedor ou grupo de fornecedores. É um formato de ficheiro orientado para objectos com um modelo de dados desenvolvido pela buildingSMART (Aliança Internacional para a Interoperabilidade, IAI) para facilitar a interoperabilidade na indústria da construção e é um formato comummente utilizado para a Modelação da Informação da Construção (BIM). O formato IFC foi originalmente desenvolvido pela IAI, que foi fundada em 1995 por empresas americanas e europeias de AEC e fornecedores de software para promover a interoperabilidade entre software no sector. Desde 2005, a especificação IFC tem sido desenvolvida e mantida pela buildingSMART International (buildingSMART, 2010). A Figura (3-6) mostra o símbolo do formato de ficheiro *.ifc.

Figura (3-6) Símbolo do formato de ficheiro IFC (buildingSMART, 2010)

O esforço do IFC é muito semelhante ao STEP, que foi iniciado pela ISO em 1984; o STEP centrou-se no estabelecimento de normas para a representação e o intercâmbio de informações sobre produtos em geral. Várias pessoas da indústria da construção envolvidas no STEP reconheceram a necessidade de um modelo mais específico do sector para a representação de dados de construção. Participaram então no desenvolvimento do IFC. O modelo IFC continua a estar estreitamente ligado à norma STEP (CRC CI, 2004).

O IFC é um modelo de dados de construção baseado em objectos semelhante, mas não é proprietário. Um exemplo simples da diferença entre um modelo geométrico e um modelo de construção baseado em objectos pode ser ilustrado utilizando a representação de uma viga. Geometricamente, uma viga pode ser representada como um retângulo. Infelizmente, a maioria das lajes, pilares, fundações e paredes são também representados como rectângulos. Esta situação é um ponto fraco da modelação geométrica. O modelo não é capaz de representar conceitos específicos da área. Por outro lado, uma viga no modelo de dados IFC é um conceito muito mais abrangente. Uma viga (IfcBeam) é um elemento estrutural horizontal. Representa um elemento estrutural horizontal ou quase horizontal, concebido para suportar cargas. Uma viga tem uma representação geométrica (por exemplo, um retângulo), mas também tem outras propriedades como o seu material e a sua relação com outros elementos estruturais ou grupos de elementos. A figura (3-7) ilustra as relações hierárquicas entre uma viga e outros elementos (CRC CI, 2004).

Alguns criadores de CAD desenvolveram novo software compatível com *.ifc, por exemplo

1. Graphisoft: ArchiCAD
2. Autodesk: Arquitetura (ADT) e Revit

Neste ponto, é de salientar que o AutoCAD não suporta o formato de ficheiro *.ifc, até agora.

No entanto, o atual IFC ainda não é capaz de fornecer informações suficientes necessárias para as actividades de construção (Chau et al., 2005), como também mencionado por Chen e Feng (2008).

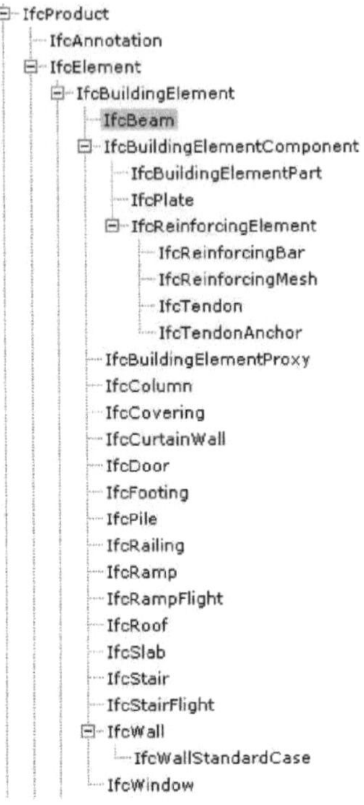

Figura (3-7) Relações hierárquicas entre uma barra e outros elementos (CRC CI, 2004)

3.3.3 Conceção integrada por computador (CIC)

O conceito de construção integrada por computador (CIC) tem origem principalmente na indústria transformadora, por exemplo, na produção integrada por computador (CIM). O CIC define o objetivo de *"utilizar melhor os computadores electrónicos para integrar a gestão, o planeamento, a conceção, a construção e o funcionamento dos bens construídos"*. Neste contexto, "integrar" significa "combinar" os elementos individuais para otimizar o desempenho de toda a fábrica (Sanvido e Medeiros, 1990). O CIC descreve um futuro nível-alvo da utilização das TI na construção. O fator chave do CIC é a integração das várias aplicações informáticas utilizadas no ciclo de vida de um edifício. Esta integração terá lugar através da transferência automatizada de dados digitais entre as aplicações (Bjork, 1994).

As TI são uma tecnologia de base que facilita a integração da informação ao longo do ciclo de vida de um projeto de construção. Na fase de projeto, a informação de projeto é convertida em desenhos.

Assim, se os desenhos forem criados num formato eletrónico normalizado, esta informação pode ser reutilizada em processos de construção subsequentes, como a estimativa de custos, o planeamento e o controlo da gestão do local. O advento do software CAD teve um impacto significativo na integração dos documentos de construção. A transição de um desenho 2D linear (geométrico) para um desenho de objectos 3D oferece potencial para a integração da informação. Embora a informação de projeto possa ser armazenada ou integrada numa base de dados centralizada, há dois tipos de obstáculos a ultrapassar na sua aplicação (Peansupap, 2004).

1. Barreira de acesso que permite o acesso à base de dados central e o intercâmbio de informações de projectos de construção em diferentes locais.
2. Barreira à interoperabilidade, ou seja, a capacidade de traduzir e/ou trocar dados de um formato para um formato compatível utilizado por outras aplicações.

O investigador considera que a barreira do acesso pode ser resolvida através da utilização de tecnologias de comunicação como a Internet (sistema de gestão baseado na Web) e a barreira da interoperabilidade pode ser resolvida através da utilização de normas ou de esforços de programação como o sistema integrado desenvolvido neste estudo.

Os sistemas integrados de gestão da construção têm o seu início na automatização da programação e do controlo. Revelou-se uma tarefa difícil partir dos chamados "primeiros princípios" e gerar toda a informação necessária para uma única aplicação, quanto mais para aplicações integradas. Posteriormente, o trabalho neste domínio centrou-se na integração das aplicações mais utilizadas (programação e estimativa) através da utilização de abordagens informáticas mais abrangentes, com um nível mais elevado de representação da informação e a utilização de modelos ou bibliotecas de estruturas de conhecimento (Rankin et al., 1999). Até à data, é geralmente assumido que os sistemas integrados de gestão da construção são concetualmente baseados numa fonte centralizada de informação com a qual as aplicações integradas e os participantes da indústria interagem (O'Brien, 1997), tal como mencionado por Rankin et al, 1999.

É amplamente reconhecido que a integração de aplicações informáticas no planeamento, conceção e construção ajudaria a poupar tempo e custos na construção e a aumentar a produtividade (Arun e Appa Rao, 2005). Os sistemas CIC automatizam muitas das tarefas de mão de obra intensiva associadas à gestão da construção de novas instalações (por exemplo, edifícios). O principal objetivo dos sistemas CIC é comunicar dados a todos os intervenientes no projeto ao longo do seu ciclo de vida e entre funções empresariais (por exemplo, conceção, estimativa e programação). Os requisitos de processamento da informação para muitas destas funções empresariais na construção são atualmente satisfeitos por sistemas informáticos que não estão integrados. Isto cria uma situação que muitos designam por "ilhas de automatização". Ao integrar os sistemas informáticos individuais, os sistemas CIC melhoram a eficácia do processo de gestão global, permitindo a comunicação de informações entre todas as funções empresariais ao longo do processo de desenvolvimento do projeto (Elzarka, 2001).Muitas grandes empresas de construção utilizam sistemas integrados que custam milhares ou mesmo dezenas de milhares de dólares para comprar (mais dinheiro do que a maioria das pequenas e médias empresas de construção podem pagar) (Christofferson, 1999), ou desenvolveram elas próprias sistemas de CIC (Elzarka, 2001). Um sistema CIC deste tipo combina modelos CAD 3D com outras ferramentas de planeamento e gestão de projectos para integrar todas as partes envolvidas no projeto. Os pacotes individuais prontos para uso podem agora ser integrados para desenvolver sistemas de CIC de baixo custo que são igualmente poderosos e eficazes (Elzarka, 2001).

3.4 Integração CAD (extração de dados)

As empresas utilizam a opção de extrair outros dados do CAD de formas muito diferentes. Algumas não extraem quaisquer dados. No entanto, há também muitas que tentam reutilizar os dados com base na tecnologia atualmente disponível. A medida em que isto é feito varia consoante as capacidades técnicas da organização. Em geral, a integração do CAD com outro software, por exemplo, de levantamento de quantidades, é ainda mínima (AEC3, 1999):

1. O levantamento de quantidades a partir de CAD é raramente utilizado na prática (e apenas para quantidades parciais limitadas). Os dados 2D só são adequados para o levantamento de quantidades completas até um certo ponto

2. Os cálculos de área podem por vezes ser efectuados com CAD, mas os regulamentos e normas nacionais de construção estipulam frequentemente regras dimensionais que não podem ser facilmente tratadas pelo software CAD atual.

3. A integração com outro software é conseguida principalmente através da introdução manual de dados.

Capítulo 4
Modelação dos dados do edifício

4.1 Introdução

Há mais de 40 anos, (Champion, 1967) escreveu: "*Um dos problemas mais comuns associados à utilização de computadores no sector da construção é a procura de um sistema de codificação satisfatório para a informação. Embora as empresas individuais possam facilmente desenvolver os seus próprios sistemas de codificação, a utilização de técnicas informáticas em toda a indústria depende em grande parte do acordo de todas as partes sobre um sistema de codificação geralmente aceite. Uma das dificuldades é que diferentes áreas da indústria requerem diferentes formas de codificação; o que é ideal para o topógrafo produzir facturas pode não ser satisfatório para o arquiteto para seu próprio uso e vice-versa*", como refere Turk (2000).

No entanto, após mais de 40 anos de investigação e desenvolvimento (I&D) das tecnologias da informação no sector da construção (edifícios), pouco mudou (Turk, 2000).

No início da década de 1980, os arquitectos começaram a utilizar o CAD e, em poucos anos, uma grande parte dos documentos e desenhos de construção estavam a ser desenhados por computadores, em vez de serem feitos à mão em pranchetas. Lentamente, a tecnologia começou a influenciar o processo. Em vez de desenhos físicos (em papel), eram trocados ficheiros DWG com os consultores. Estes ficheiros não só transmitiam gráficos simples, mas também informações sobre um edifício através da sua estrutura em camadas; um retângulo numa camada representava uma coluna de betão, mas noutra camada representava um padrão de azulejos no chão. A utilização de ficheiros CAD evoluiu para transmitir informações sobre um edifício de uma forma que um desenho esboçado não conseguia (Autodesk, 2002).

Este desenvolvimento continuou com a introdução do CAD orientado para objectos (CAD OO) no início da década de 1990. Os "objectos" de dados nestes sistemas (portas, paredes, janelas, telhados) armazenavam dados não gráficos sobre um edifício numa estrutura lógica, juntamente com os gráficos do edifício. Estes sistemas apoiavam frequentemente a modelação geométrica do edifício em 3D. As empresas de projeto com visão de futuro adoptaram estas ferramentas, reconhecendo que os dados contidos nos ficheiros CAD OO, se cuidadosamente estruturados e geridos, poderiam ser utilizados para automatizar certas tarefas de documentação, tais como os calendários (listas de materiais) e a numeração das divisões (Autodesk, 2002).

Mas o software 00 CAD continua a centrar-se na construção de gráficos e baseia-se em fundamentos CAD baseados em gráficos, pelo que não é ideal para a criação e gestão de dados de construção. Outras indústrias, como a indústria transformadora, tiraram grande partido de ferramentas de tecnologia da informação não gráficas e paramétricas. É necessária uma outra geração de soluções de software, desenvolvidas com recurso às tecnologias actuais, para se poderem concretizar plenamente os benefícios que as TI podem trazer à indústria da construção. Esta próxima geração de software centrado na informação oferece a "*Modelação da Informação da Construção*" em vez da "*Modelação Gráfica da Construção*" (Autodesk, 2002).

Há sinais claros de que a modelação da informação da construção está finalmente a ganhar terreno na indústria AEC (Khemlani, 2004), tal como referido por Alder (2006).

4.2 Definição de BIM

A Modelação da Informação da Construção (BIM) é uma estratégia para a aplicação das TI no sector da construção (Autodesk, 2002). O BIM, uma nova abordagem inovadora para o projeto, construção e gestão de edifícios introduzida pela Autodesk em 2002, mudou a forma como os profissionais do sector em todo o mundo pensam sobre a forma como a tecnologia pode ser utilizada para projetar, construir e gerir edifícios (Autodesk, 2003).

O BIM é uma nova abordagem à conceção e documentação de projectos de construção (Bentley, 2010).

O termo BIM foi recentemente cunhado para diferenciar a próxima geração de TI e CAD para edifícios do CAD tradicional, que se centrava na criação de desenhos. BIM é "*o processo de criação e gestão de dados de construção de uma forma interoperável e reutilizável". Um sistema BIM é um sistema ou conjunto de sistemas que permite aos utilizadores integrar e reutilizar informações e conhecimentos sobre edifícios ao longo do ciclo de vida de um edifício*" (Lee et al., 2006).

O Instituto Americano de Arquitectos (AIA) define o BIM como "*uma tecnologia baseada em modelos ligada a uma base de dados de informações sobre o projeto*" (AIA, 2010).

A Norma Nacional do Modelo de Informação da Construção (NBIMS) define o BIM da seguinte forma: O BIM é melhor definido como "*uma representação digital das caraterísticas físicas e funcionais de uma instalação ... e um recurso de conhecimento partilhado para informações sobre uma instalação que fornece uma base fiável para a tomada de decisões ao longo do seu ciclo de vida; definido como desde a conceção inicial até à demolição*". (NBIMS, 2010)

4.3 Vantagens do BIM

O BIM suporta a disponibilidade contínua e imediata de informações de alta qualidade, fiáveis, integradas e totalmente coordenadas sobre o âmbito, o calendário e o custo do projeto. As muitas vantagens competitivas resultantes incluem (Autodesk, 2003):

1. Maior velocidade de entrega (poupança de tempo)
2. Melhor coordenação (menos erros)
3. Custos mais baixos (poupança de dinheiro)
4. Maior produtividade
5. Maior qualidade do trabalho
6. Novas receitas e oportunidades de negócio

A capacidade de manter esta informação actualizada e acessível num ambiente digital integrado dá aos arquitectos, engenheiros, construtores e proprietários uma visão clara dos seus projectos e a capacidade de tomar melhores decisões mais rapidamente, aumentando a qualidade e a rentabilidade dos projectos (Autodesk, 2003).

O BIM oferece várias vantagens significativas em relação ao CAD (Bentley, 2010):

1. O BIM não só modela e gere gráficos, mas também informações (informações que permitem a geração automática de desenhos e relatórios, análises de projeto, simulações de calendário, gestão de edifícios e muito mais) para que a equipa de construção possa, em última análise, tomar decisões mais bem informadas.
2. O BIM apoia uma equipa distribuída de modo a que as pessoas, as ferramentas e as tarefas possam partilhar eficazmente esta informação ao longo do ciclo de vida de um edifício, eliminando a redundância de dados, a reintrodução de dados, a perda de dados, as falhas de comunicação e os erros de tradução.

Embora o BIM tenha muitas vantagens, também traz desafios. Alguns dos desafios são os seguintes (Khemlani, 2004), que também são mencionados por (Alder, 2006):

1. Ultrapassar a resistência à mudança.

2. Desenvolvimento de um novo fluxo de trabalho com base no processo de conceção existente.

3. Formação para o novo software.

4. Ferragens de alta qualidade.

5. Ficheiros de grandes dimensões.

4.4 Introdução ao BIM

O BIM é um conceito para a conceção, construção e gestão de edifícios. Embora não seja uma tecnologia em si, é apoiado em diferentes graus por diferentes tecnologias (Autodesk, 2003).

4.4.1 Tecnologias para a implementação do BIM

Embora o BIM seja uma abordagem e não uma tecnologia, requer uma tecnologia adequada para ser implementado de forma eficaz. Exemplos de algumas dessas tecnologias, por ordem crescente de eficácia, são (Autodesk, 2003):

1. CAD (ou seja, modelação geométrica)
2. CAD de objectos
3. Modelação paramétrica de edifícios

A figura (4-1) mostra a eficácia global ou o grau de benefício de cada uma destas três tecnologias diferentes (eixo vertical) medido em relação ao esforço necessário para alcançar esse benefício (eixo horizontal). Além disso, a linha horizontal tracejada representa o nível mínimo de eficácia que pode ser classificado como BIM. Abaixo deste limiar BIM estão os processos industriais tradicionais existentes que são bem apoiados pela automatização tradicional de projectos e tarefas. Acima desta linha (ou seja, a linha tracejada) encontra-se um nível crescente de eficácia do BIM. As três curvas sólidas mostram a eficácia que pode ser alcançada para um determinado nível de esforço com estas três tecnologias diferentes (Autodesk, 2003).

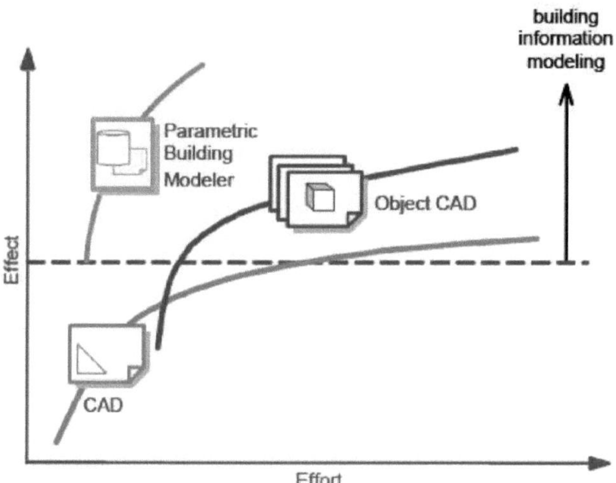

Figura (4-1) Tecnologias para a implementação do BIM (Autodesk, 2003)

4.4.2 Implementação BIM com a ajuda de CAD

A curva inferior da figura (4-1) representa o software baseado em CAD, ou seja, o software baseado na conhecida tecnologia CAD baseada em geometria que tem sido utilizada na indústria há várias décadas. Esta tecnologia suporta a automatização da criação de desenhos de forma muito eficaz e com pouco esforço (melhor do que qualquer outra tecnologia, de facto). No entanto, para alcançar uma eficiência cada vez maior, esta tecnologia exige um esforço cada vez maior. As despesas gerais de administração e de gestão aumentam, as normas de camadas e de nomes devem ser respeitadas e aplicadas, e a qualidade da informação derivada dos ficheiros baseados em CAD depende fortemente da disciplina e da fiabilidade dos utilizadores que introduzem os dados. É necessário um grande esforço, incluindo a programação e o desenvolvimento de produtos parceiros, para atingir um elevado nível de eficácia no BIM. No entanto, o esforço é tão grande que a tecnologia baseada em CAD raramente é utilizada a este nível (Autodesk, 2003).

Neste estudo, o AutoCAD foi escolhido como a tecnologia baseada em CAD. Com disciplina suficiente e alguma programação, o AutoCAD pode ser utilizado para concretizar alguns dos benefícios do BIM. Existem poucos exemplos deste tipo de utilização, mas certamente as aplicações de terceiros para estimativa de custos, programação, projeto estrutural, gestão de edifícios e aplicações semelhantes desenvolvidas na plataforma AutoCAD são exemplos da utilização do BIM em determinadas áreas da indústria da construção (Autodesk, 2003).

4.5 Software BIM (Revit)

O Autodesk Revit é um software de modelação de dados de construção que é utilizado principalmente por projectistas para desenhar projectos. Com o Revit, os arquitectos desenham o projeto utilizando objectos que contêm propriedades predefinidas para criar o seu modelo. Este modelo tem propriedades paramétricas, ou seja, o projetista cria um modelo tridimensional completo que pode ser cortado para mostrar plantas, alçados, secções ou outras vistas necessárias (Alder, 2006).

O Revit é um modelo de dados proprietário que não suporta atualmente a importação/exportação IFC, embora tenha sido prometido um futuro suporte IFC. Para os programadores de software, as ligações ODBC proporcionam um acesso limitado à informação do modelo do edifício e foi fornecida uma interface de programação de aplicações limitada na versão mais recente (Howell e Batcheler, 2010); neste caso, é de referir que o Revit 2010 suporta IFC.

4.6 Revit no cálculo e planeamento

4.6.1 BIM e cálculo de custos

A estimativa de custos é outro aspeto do processo de construção que pode beneficiar dos dados de construção informatizados. Os arquitectos são responsáveis pela conceção de um edifício, enquanto os orçamentistas são responsáveis pela estimativa dos custos de construção. Em geral, o âmbito de trabalho do arquiteto não abrange a estimativa de quantidades ou a informação sobre custos. Esta tarefa é deixada ao planeador de custos. Ao preparar as suas estimativas de custos, os orçamentistas começam normalmente por:

1. a digitalização dos desenhos em papel do arquiteto, ou
2. Importar os seus desenhos CAD para um pacote de cálculo de custos (software), ou
3. Faturação manual com base nos seus desenhos

Todos estes métodos são passíveis de erro humano e propagam quaisquer imprecisões nos desenhos originais (Revit, 2007a).

Ao utilizar um BIM, as (inspecções, contagens e medições) podem ser geradas diretamente a partir do modelo (original) subjacente. Por conseguinte, a informação é sempre coerente com o projeto. E se for feita uma alteração ao projeto, esta alteração afecta automaticamente todos os documentos e calendários de construção relacionados, bem como todos os (levantamentos, contagens e medições) utilizados pelo orçamentista (Revit, 2007a).

A quantidade de tempo que o orçamentista gasta na quantificação varia consoante o projeto, mas talvez 50-80% do tempo necessário para produzir uma estimativa de custos seja gasto apenas na quantificação. Com estes números em mente, o enorme benefício da utilização de um sistema BIM para a estimativa de custos torna-se imediatamente evidente. Ao eliminar a necessidade de estimativas manuais, pode poupar tempo e dinheiro e reduzir o potencial de erro humano. Ao automatizar a tediosa tarefa de levantamento de quantidades, os orçamentistas podem utilizar esse tempo para se concentrarem em factores específicos do projeto de maior valor (identificar montagens, criar preços, considerar riscos, etc.) que são essenciais para uma estimativa de alta qualidade. Existem várias formas de transferir quantidades de um BIM para um sistema de orçamentação. As categorias gerais de abordagens de integração incluem (Revit, 2007a):

1.1.1.1 Interface de programação de aplicações (API)

Interface de programação de aplicações para programas de cálculo disponíveis comercialmente nos fornecedores. Esta abordagem estabelece uma ligação direta entre o sistema de cálculo e o Revit. A partir do Revit, um utilizador exporta o modelo do edifício no formato de dados do programa de cálculo e envia-o para o calculador, que o abre com a solução de cálculo para iniciar o processo de cálculo (Revit, 2007a).

1.1.1.2 Ligação ODBC

Open Database Connectivity (ODBC) Ligação a programas de cálculo de custos. O ODBC é um padrão comprovado que é útil para a integração de aplicações centradas em dados, como o cálculo de custos com o BIM (Revit, 2007a).

1.1.1.3 Saída em Excel

Em comparação com as abordagens descritas acima, os levantamentos de quantidades criados no Revit e enviados para um programa do Microsoft Excel podem parecer pouco brilhantes, mas a simplicidade e o controlo são perfeitos para alguns fluxos de trabalho de orçamentação. Por exemplo, muitas empresas limitam-se a criar descolagens de materiais no Revit, enviar os dados para uma folha de cálculo e depois transferi-los para o orçamentista (Revit, 2007a).

4.6.2 BIM e planeamento de projectos

A maioria das empresas de construção investiu no seu primeiro sistema de planeamento de projectos há mais de uma década e este tornou-se uma ferramenta indispensável para os serviços de gestão de projectos. As soluções BIM, por outro lado, são relativamente recentes. Dado o sucesso do BIM na conceção, as empresas de construção estão agora a voltar-se para o BIM para os seus próprios fins (análise da construtibilidade, quantificação e estimativa de custos, etc.). Uma das aplicações mais óbvias do BIM na construção é a área onde o projeto e a construção se juntam pela primeira vez: o projeto de construção (Revit, 2007b).

A conceção de um edifício é um esforço constante para gerir o progresso de um projeto de construção e responder em conformidade - adaptando-se dinamicamente à "situação no terreno". Naturalmente, a conceção de um edifício é o núcleo do plano do projeto e, ao adicionar dados de calendário a um modelo de informação de construção 3D (ou seja, a conceção do edifício), pode ser criado um modelo de informação de construção 4D em que o tempo é a quarta dimensão. Normalmente, as equipas começam a desenvolver modelos 4D mapeando manualmente as datas do plano do projeto para os componentes do modelo. Este esforço ajuda-os a melhorar o plano e a melhorar a comunicação do plano a toda a equipa. Mais tarde, à medida que melhoram as suas competências, ligam programaticamente o calendário ao modelo para poupar tempo e melhorar a sua capacidade de avaliar diferentes opções de sequenciamento da construção. Duas abordagens representativas para ligar um BIM a um calendário de projeto são apresentadas abaixo (Revit, 2007b).

4.6.2.1 Diretamente para o MS Project

A primeira funcionalidade é uma ligação direta entre o Revit e o Microsoft Project (MS Project), desenvolvida pela Autodesk Consulting, que utiliza uma ligação bidirecional entre o Revit e o MS Project para manter o projeto atualizado quando são feitas alterações em ambos os programas. A ferramenta inclui uma nova funcionalidade Revit "Exportar para MS Project" que exporta componentes de construção aplicáveis para um ficheiro MS Project, pré-ordenado por:

1. nível (por exemplo, piso) e
2. Categoria (por exemplo, parede, janela, coluna, etc.) (incluindo o sistema apresentado no presente estudo)

para um rápido planeamento do projeto e atribuição de recursos (Revit, 2007b).

4.6.2.2 Visualização 4D

Em segundo lugar está um produto da Innovaya chamado Visual Simulation, uma ferramenta 4D que pode ser utilizada para integrar um modelo BIM criado em Revit num plano de projeto MS Project ou primavera. Visual Simulation utiliza a API Revit para exportar o modelo Revit para o formato de ficheiro Innovaya. O modelo pode então ser importado para o Visual Simulation. O produto inclui um ambiente 3D/4D dedicado para a navegação de modelos de construção 3D padrão e visualização 4D (Revit, 2007b).

4.6.3 Vantagens do BIM no cálculo de custos e no planeamento

O primeiro passo na estimativa de custos é a quantificação - e a informação computável no centro de um sistema BIM torna a quantificação fácil. As soluções BIM não geram, de forma alguma, estimativas de custos automáticas, mas oferecem vantagens significativas em relação aos sistemas tradicionais, baseados em desenhos, ao minimizarem as assinaturas manuais. Quantidades mais exactas conduzem a estimativas de custos mais exactas. A redução do esforço de quantificação significa que os orçamentistas podem gastar o seu tempo e conhecimentos de forma mais eficaz em actividades de orçamentação de maior valor, e os arquitectos podem utilizar a informação no seu modelo de projeto para verificar facilmente as quantidades estimadas (ou seja, facilitar a orçamentação simultânea durante o processo de projeto) (Revit, 2007a).

Quando os modelos de informação da construção incluem dados detalhados sobre o calendário e os recursos do software de conceção do projeto nativo, podem conduzir a uma equipa mais empenhada, a uma tomada de decisões mais informada e a uma melhor coordenação entre projectistas e empreiteiros (Revit, 2007b).

Até 2006, o BIM era utilizado quase exclusivamente para fins de planeamento (Alder, 2006). Os objectivos a longo prazo das empresas que utilizam o BIM incluem a sua utilização para levantamento de quantidades e estimativas de custos (Khemlani, 2004), tal como referido por Alder (2006).

(Alder, 2006) reconhece que devem ser cumpridas três condições para melhorar a produtividade do orçamentista com o BIM:

1. Deve estar disponível um modelo BIM.
2. Os cálculos de quantidades com BIM requerem formação avançada para o orçamentista. Esta formação requer muitas horas de formação BIM, bem como tempo investido no programa para compreender o que representam as quantidades extraídas do BIM.

3. A calculadora deve ter o software necessário.

4.7 Limitações do BIM

4.7.1 O BIM é apenas um dos muitos modelos criados para o efeito

Embora o BIM esteja a revelar-se uma ferramenta muito poderosa para a conceção e coordenação arquitectónicas, a investigação conduzida pela Newforma mostra que existem dificuldades recorrentes na utilização do BIM para a conceção e documentação de todo o projeto. A nossa análise subsequente mostra que os membros da equipa de projeto não dependem normalmente de um único modelo de edifício, mas sim de uma série de modelos construídos à medida, tais como (Howell e Batcheler, 2010):

1. Modelo de projeto (AutoCAD, ArchiCAD, MicroStation)
2. Modelo estrutural de elementos finitos (STAAD)
3. Modelo de planeamento (MS Project, primavera)
4. Modelo de estimativa (Excel, Timberline)

Cada um destes modelos específicos que criam e gerem é personalizado de acordo com as necessidades das disciplinas/profissões envolvidas e do processo de projeto específico que apoiam. Mesmo com o advento e a adoção do BIM, estão a ser utilizados cada vez mais modelos específicos em toda a indústria. Não se pode esperar que a utilização do BIM faça com que os membros individuais da equipa de projeto abandonem as ferramentas em que confiam e que são optimizadas para apoiar os seus processos de trabalho individuais. É a informação do projeto que é criada e mantida em todos estes modelos específicos que descrevem coletivamente tudo o que se sabe sobre um projeto (Howell e Batcheler, 2010).

A melhor forma de pensar no BIM é como um dos muitos modelos adequados à finalidade, uma "fonte" de informação sobre o edifício, em vez de um "destino" para toda a informação sobre o projeto. O BIM é essencialmente um modelo geométrico com a vantagem de as suas variáveis paramétricas e as propriedades não gráficas associadas permitirem uma transferência mais abrangente da informação sobre o edifício de/para modelos conexos construídos para o efeito (Howell e Batcheler, 2010).

4.7.2 Interoperabilidade

O BIM é um subconjunto importante, mas o ingrediente crítico em falta é a "interoperabilidade" (a capacidade de cada um destes modelos especialmente desenvolvidos (ver acima) para interagir e ser coordenado como uma representação consistente do mesmo edifício, ou a troca de informações entre estes diferentes modelos) (Howell e Batcheler, 2010). O custo para a indústria de construção dos EUA da interoperabilidade inadequada entre sistemas CAD, de engenharia e de software é descrito num relatório de agosto de 2004 do Instituto Nacional de Normas e Tecnologia (NIST) intitulado "Cost Analysis of Inadequate Interoperability in the U.S. Capital Facilities Industry", que estima que a indústria de construção dos EUA perde 15,8 mil milhões de dólares por ano. O relatório estima que a indústria de bens de equipamento dos EUA perde 15,8 mil milhões de dólares por ano devido a uma interoperabilidade inadequada porque *"a indústria está altamente fragmentada, as práticas comerciais da indústria continuam a basear-se no papel, há uma falta de normalização e a tecnologia é adoptada de forma inconsistente pelas partes interessadas"* (NIST, 2004). A necessidade de apoiar normas de dados abertos e o acesso não proprietário aos dados BIM é uma prioridade urgente para a indústria, se quisermos evitar as ineficiências e as imprecisões recorrentes da reintrodução de dados. A interoperabilidade permitirá a reutilização de dados de projectos criados anteriormente, garantindo a coerência entre cada modelo como representações diferentes do mesmo edifício. A interoperabilidade também permite a comparação e validação de modelos personalizados para apoiar ciclos de revisão mais rápidos e a natureza iterativa do processo de projeto. Dados consistentes e precisos, que podem ser acedidos por toda a equipa de projeto quando necessário, contribuem em grande medida para evitar derrapagens de prazos e custos (Howell e Batcheler, 2010). No entanto, de importância crítica é a capacidade de trocar a informação de construção inteligente gerada num BIM com/de/entre os outros modelos personalizados (Howell e Batcheler, 2010). As normas ajudarão os criadores de BIM e de outros softwares a reduzir o esforço necessário para a interoperabilidade (Goedert e Meadati, 2008).

4.7.3 Extensão BIM

Durante o processo de construção, os intervenientes no projeto trocam documentos do processo de construção, tais como pedidos de informação (RFI), calendários, modelos, ordens de alteração, desenhos de fábrica, especificações e fotografias do local ou desenhos "as-built" (estes raramente servem como base de dados fiável para decisões futuras e seriam mais eficazes se fossem integrados no BIM) (Goedert e Meadati, 2008). Estes não estão ligados aos modelos 2D ou 3D (Meadati, 2009). O estado atual dos dados gráficos e dos dados não gráficos na fase de construção é apresentado na Figura (4-2).

Esta mostra que os desenhos 2D as-built, que foram desenvolvidos na fase pós-construção, e os documentos associados existem como entidades independentes. O modelo 3D desenvolvido nas fases iniciais do ciclo de vida não é geralmente utilizado após a fase de pré-construção. A implementação do BIM requer um modelo de produto 3D e o mapeamento de informações relevantes para cada componente para servir como fonte de informação. Por conseguinte, quando se aplicam as práticas existentes, o processo de implementação do BIM termina geralmente na fase de pré-construção, deixando grandes quantidades de dados relevantes em falta no modelo final de que a gestão do edifício necessita para a operação, manutenção e eventual recomissionamento ou desativação (Meadati, 2009).

Há duas razões pelas quais o BIM não é implementado no período após a construção da fábrica:

1. Não disponibilidade do modelo 3D as-built e
2. Falta de integração da informação do processo de construção no modelo 3D as-built

O estado desejado do fluxo de informação desde a fase de construção até à fase de operação e manutenção, que facilita a implementação do BIM, é apresentado na Figura (4-3). Os desenhos as-built 2D existentes têm de ser substituídos por um modelo as-built 3D. Os dados do projeto, tais como RFIs, apresentações, ordens de alteração, desenhos da oficina, especificações, fotografias do local, custos reais e o calendário real devem ser anexados ao modelo as-built 3D. Esta integração dos documentos do processo de construção no modelo 3D as-built facilita a implementação do BIM para além da fase de pré-construção (Meadati, 2009).

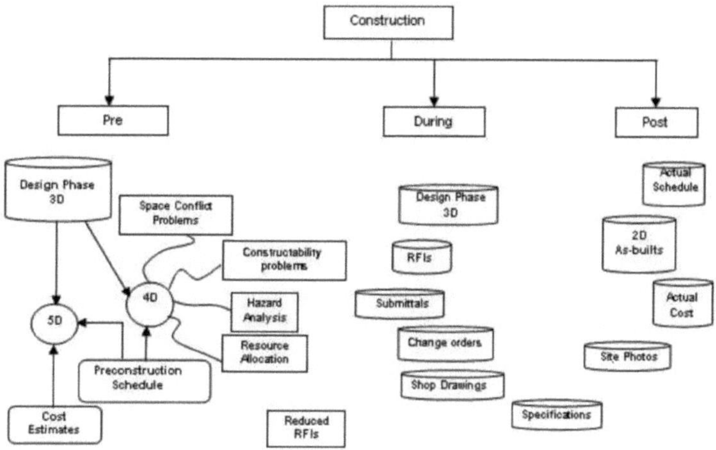

Figura (4-2) Situação atual do BIM na fase de construção (Meadati, 2009).

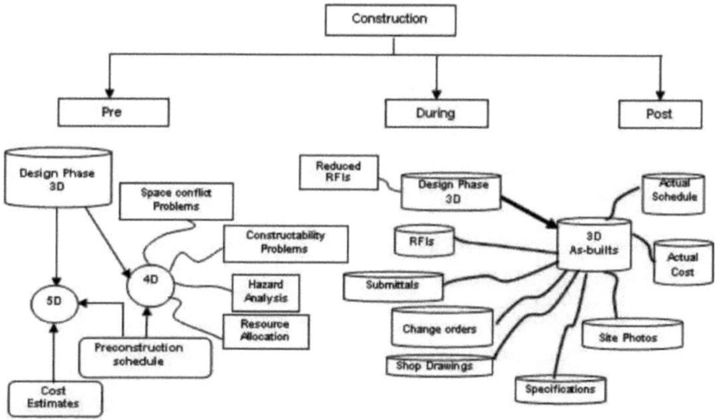

Figura (4-3) Estado desejado do BIM na fase de construção (Meadati, 2009).

As práticas actuais apenas facilitam a aplicação do BIM até à fase de pré-construção. A disponibilidade da integração dos documentos do processo de construção alarga a aplicação do BIM a todo o ciclo de vida do projeto. Os parâmetros existentes no software BIM não facilitam a integração dos documentos do processo de construção e têm de ser recriados. O software BIM não integra diretamente os dados do processo de construção, mas pode ser personalizado com alguma programação (Goedert e Meadati, 2008).

Capítulo 5

Desenvolvimento e introdução do sistema

5.1 Introdução

Uma vez que os pacotes de software de aplicação utilizados pelos parceiros da indústria AEC provêm de diferentes criadores/fornecedores, os formatos de dados utilizados nas aplicações de software diferem, o que coloca problemas ao nível do intercâmbio de dados e da interoperabilidade, uma vez que não são compatíveis entre si. Consequentemente, os dados não podem ser trocados eletronicamente entre eles. Esta é a preocupação de muitos investigadores e profissionais do sector da construção, uma vez que as aplicações informáticas não estão integradas para se obterem todos os benefícios. Nos últimos anos, a consciência da necessidade de processos de construção integrados aumentou e vários centros de investigação em todo o mundo estão a investigar as questões envolvidas.

Para ilustrar o potencial das novas tecnologias para o desenvolvimento de sistemas integrados rentáveis, foi desenvolvido um sistema integrado através da integração de pacotes de software CAD, de bases de dados, de folhas de cálculo e de planeamento autónomos utilizando Visual Basic (VB). Uma vantagem desta abordagem é que, ao integrar software existente com o qual o utilizador já está familiarizado, o esforço de desenvolvimento e o tempo de familiarização podem ser drasticamente reduzidos em comparação com a programação tradicional para sistemas de âmbito semelhante. O sistema integrado foi desenvolvido para os utilizadores com o objetivo de demonstrar o potencial dos sistemas integrados para melhorar o processo de gestão de projectos de construção. O sistema apresentado trata de um caso de estudo.

5.2 Abordagem proposta

Os resultados do planeamento do edifício a partir do CAD podem ser colocados em conformidade no VB. O edifício pode ser constituído por vários componentes. O modelo CAD pode ser utilizado pelo sistema integrado para extrair a quantidade dos diferentes componentes do edifício. Os dados de quantidade extraídos podem ser automaticamente exportados para uma folha de cálculo MS Excel. A base de dados também pode ser modificada interactivamente pelo utilizador para introduzir os dados necessários. A base de dados contém informações sobre a taxa de produtividade da equipa, o custo unitário e outros parâmetros. A lista de actividades de construção, as suas dependências e a duração estimada das actividades podem ser exportadas automaticamente para o MS Project para criar o calendário de construção.

A abordagem de integração acima descrita contribui para a automatização no sector da construção. Neste ponto, é de notar que a "abordagem" é de natureza concetual e pode ser utilizada com diferentes níveis de detalhe e expansão.

5.3 Descrição do sistema

e n egraon o ompuer es gn w s ma on an ann ng (n) foi desenvolvido para facilitar a gestão da construção de projectos de edifícios através da integração das seguintes aplicações normalizadas:

1. AutoCAD para a criação do modelo. O AutoCAD contém funções de desenho e edição necessárias para a criação de modelos de componentes de construção.
2. Base de dados Microsoft Access para armazenar informações históricas do projeto sobre as equipas, a produtividade e os custos unitários, etc.
3. Sistema de planeamento Microsoft Project para planear o projeto.
4. Folha de cálculo do Microsoft Excel para comunicar o BOQ num formato de tabela conveniente para posterior edição e impressão.

A integração das aplicações informáticas é efectuada sob o sistema operativo Microsoft Windows. Todos os componentes do sistema são integrados utilizando a tecnologia de automatização Visual Basic e ActiveX, como mostra a figura (5-1). A vantagem deste sistema integrado desenvolvido com VB é a interface gráfica do utilizador (GUI), que tem o aspeto familiar do sistema operativo Windows a que os utilizadores estão habituados. As mesmas caraterísticas da GUI, tais como botões de comando, menus e caixas de texto, podem ser integradas nos ecrãs da aplicação através da adição de controlos da caixa de ferramentas. O VB é uma linguagem orientada para o gráfico, pelo que o InCADEP pode ser operado com um clique do rato. A base de dados AutoCAD e MS Access é o repositório central de todos os dados e está armazenada no InCADEP. Contém as informações necessárias para apoiar as actividades de conceção, estimativa de custos e programação.

Figura (5-1) Arquitetura de integração

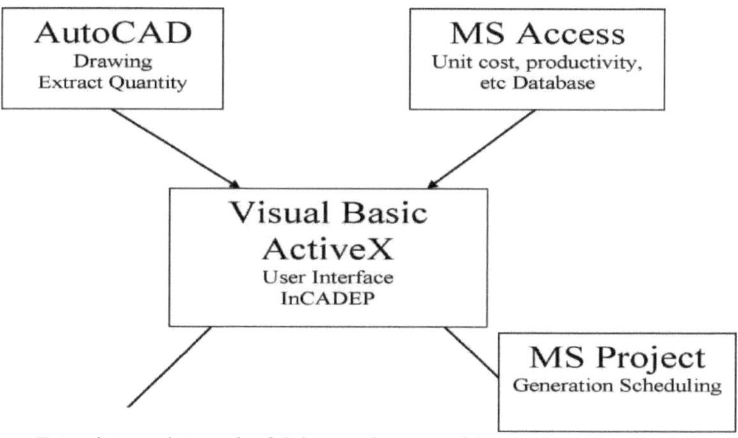

Este sistema integrado foi integrado com objectos de aplicação informática utilizando a tecnologia de automatização VB e ActiveX. O VB desempenha o papel de "cola" que mantém juntos muitos objectos (software individual), aplicações e pacotes. Neste sistema, o VB fornece a capacidade de criar interfaces de utilizador e aceder a outro software.

Para tornar os objectos de outra aplicação disponíveis no código VB desenvolvido, é necessário definir uma referência à biblioteca de objectos desta aplicação. Isto pode ser feito clicando no menu "Projeto" na barra de menu VB e selecionando "Referências..." . A caixa de diálogo "Referências" lista as referências disponíveis para o projeto VB. Para adicionar objectos do AutoCAD, a caixa de verificação junto ao nome do AutoCAD "AutoCAD 2010 Type Library" deve ser selecionada. O mesmo processo pode ser seguido para tornar os objectos de outras aplicações disponíveis no código do sistema; MS Access, MS Excel e MS Project, como mostrado na Figura (5-2).

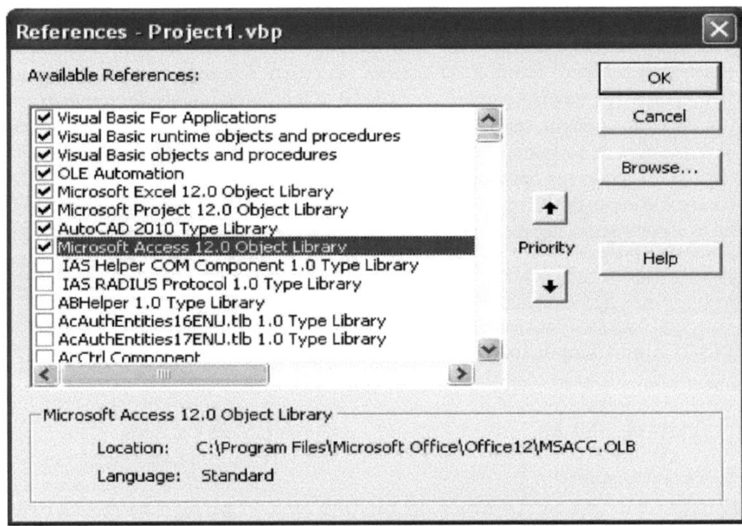

Figura (5-2) Caixa de diálogo "Referências

A automação ActiveX pode ser utilizada para obter informações importantes sobre os objectos AutoCAD expostos e enviar essas informações para uma aplicação compatível com VB, como o MS Excel. Esta abordagem é útil para a criação de listas de quantidades.

Certas propriedades são exibidas para os elementos AutoCAD selecionados. Para a linha, são apresentados os valores para o ponto inicial, o ponto final e o comprimento, bem como o nome da camada e, claro, o tipo de elemento. O acesso a muitas destas informações com a automação ActiveX pode ser feito e utilizado de várias formas, por exemplo, para contar o número de elementos numa determinada camada ou para calcular o comprimento total de determinadas linhas.

A funcionalidade do sistema desenvolvido é ilustrada pelo fluxograma geral do sistema apresentado na Figura (5-3).

Figura (5-3) Fluxograma geral do sistema

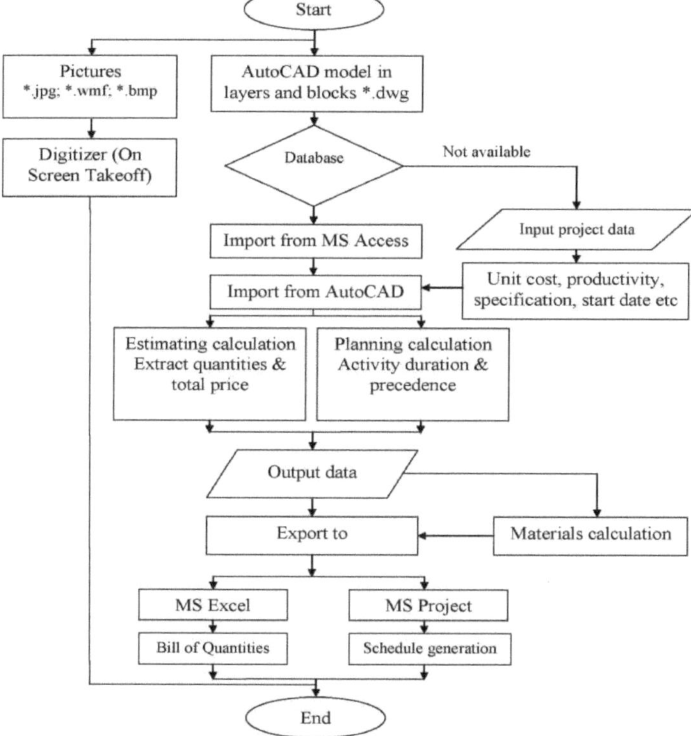

5.4 Requisitos e restrições do sistema

O desenvolvimento do InCADEP baseou-se nos seguintes pressupostos:

1. A escala do AutoCAD deve ser (1:1).
2. Todos os componentes devem ser desenhados num único desenho, ou seja, um ficheiro de desenho AutoCAD (*.dwg) e vários nomes de camadas específicos.
3. Cada porta e cada janela deve ser desenhada como um bloco (por exemplo, porta1

como um bloco com o nome 24D1 1_1).

4. São necessários quatro alçados para o edifício, a escadaria foi negligenciada.
5. Os custos das actividades são estimados utilizando as quantidades de actividades extraídas do desenho AutoCAD e a informação de custos armazenada na base de dados ou introduzida pelo utilizador. Os custos da informação devem ser expressos como custo unitário/unidade de medida.
6. Assume-se que a taxa de produção para uma atividade é fixa para toda a duração da atividade (a taxa de produção deve ser expressa como quantidade/dia).
7. A duração das actividades é estimada com base nas quantidades de actividades extraídas do desenho AutoCAD e na taxa de produtividade armazenada na base de dados ou introduzida pelo utilizador.
8. A prioridade das tarefas resulta das restrições práticas que se aplicam apenas à construção, sem sobreposições entre as tarefas. Note-se que o utilizador pode introduzir aqui a ordem de prioridade antes de exportar os dados para o MS Project.
9. O programa só é criado para o rés do chão.

5.5 Extração de CAD

Com este modelo automatizado, os ficheiros CAD electrónicos originais são utilizados diretamente para a medição. A ideia básica por trás dos ficheiros é que os diferentes tipos de componentes nos desenhos, por exemplo, paredes, janelas, portas, etc., podem ser estruturados em formato CAD sob a forma de camadas, tipos de linhas (polilinhas), etc., que podem ser totalmente codificados para representar as descrições dos componentes. Esta técnica substitui a função de um digitalizador para responder às perguntas "onde" e "o quê", e assim as quantidades podem ser extraídas rápida e diretamente.

Devido às limitações dos desenhos CAD 2D, os utilizadores continuam a ter de introduzir manualmente as terceiras dimensões. Mesmo com objectos 2D, todo o desenho CAD deve ser claramente definido e estruturado, ou seja, os objectos CAD idênticos devem estar nas mesmas camadas e ter os mesmos tipos de linhas. Como a maioria dos sistemas CAD permite que o desenhador individual defina camadas CAD com estruturas e nomes arbitrários, os desenhadores deparam-se repetidamente com dificuldades quando utilizam desenhos criados por outros. Embora muitas empresas estabelecidas tenham criado as suas próprias normas CAD internas, o intercâmbio de dados CAD entre diferentes disciplinas num projeto é bastante comum e necessário.

O AutoCAD refere-se a todos os componentes 2D/3D como "objectos" com propriedades específicas. O método de preparação de todos os objectos CAD nos desenhos CAD consistiu em redesenhá-los como polilinhas 2D/3D fechadas. Para preservar as propriedades espaciais de uma peça CAD, é aconselhável converter linhas simples desenhadas nos desenhos CAD em polilinhas fechadas. Esta é uma técnica do AutoCAD, de modo a que cada objeto tenha uma

Figura (5-4) A janela de início

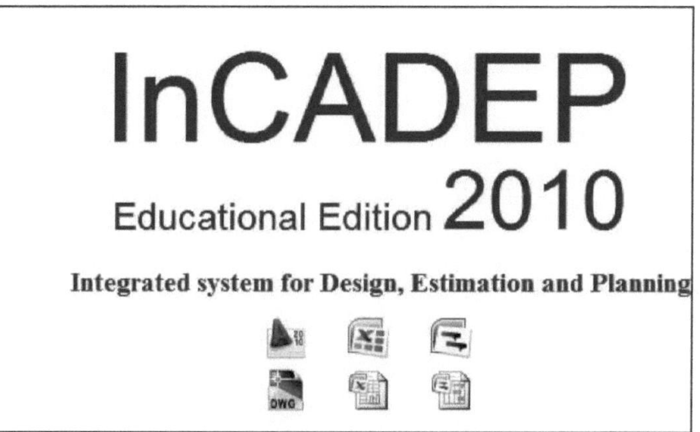

área específica. Por exemplo, cada coluna quadrada é desenhada como uma polilinha fechada e não como quatro linhas, tendo em conta que o retângulo é também uma polilinha.

Foi escrito um código VB para cada camada do desenho AutoCAD para permitir a extração das propriedades do "objeto" e escrevê-las na tabela correspondente no InCADEP. Por exemplo, a informação da coluna desenhada na camada "Columns" é extraída para a tabela "Columns" no InCADEP.

5.6 Funcionamento do sistema

A primeira janela mostra o nome do sistema, a versão e os direitos de autor, como mostra a Figura (5-4). Esta janela desaparece automaticamente após alguns segundos e aparece a janela principal.

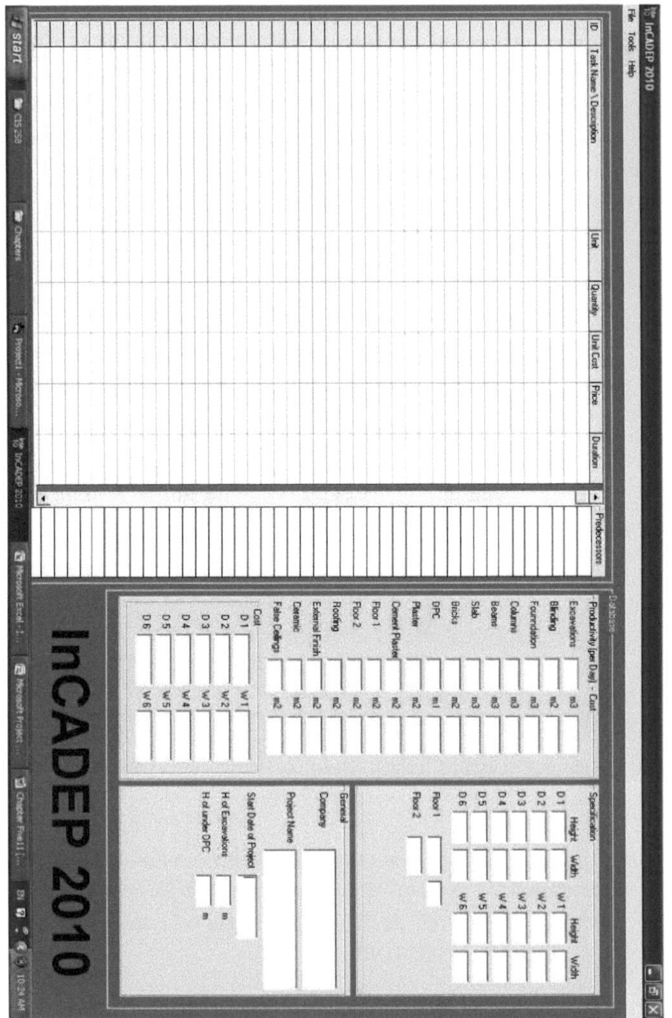

Figura (5-5) A janela principal
. Menu "Ficheiro
1.1 Importar a partir do menu
Este menu tem controlo VB sobre o objeto MS Access e AutoCAD, Figura (5-)

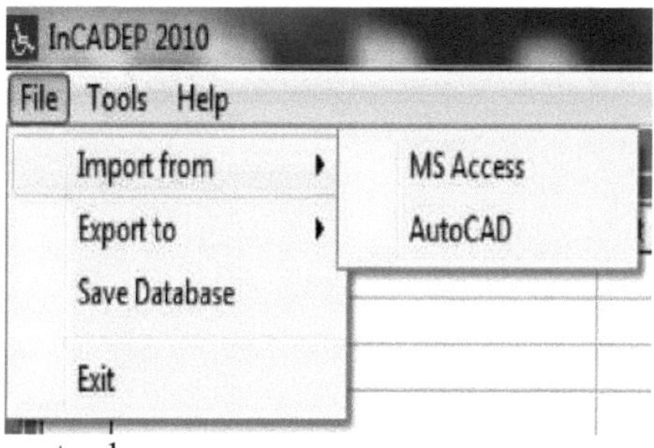

Figura (5-6) Importar do menu

1.1.1 MS Access

[2]Se o utilizador não tiver guardado a base de dados, deve introduzir o custo unitário para cada item (por exemplo, 12 000 ID por metro quadrado para o gesso) e introduzir a taxa de produção por dia para cada item (por exemplo, conclusão de 100 m por dia para o gesso). A pessoa que utiliza o sistema pode introduzir o custo em dinares iraquianos "ID" ou em dólares americanos "$" e a taxa de produção, neste caso, depende da experiência do utilizador.

1.1.2 AutoCAD

Quando o utilizador clica em "Import from ►AutoCAD" (Importar de ►AutoCAD), é apresentada a caixa de diálogo "Open File" (Abrir ficheiro) e o formato do tipo de ficheiro é limitado a (*.dwg) para abrir apenas desenhos do AutoCAD, como mostra a Figura (5-7).

O utilizador deve abrir o desenho exato para obter corretamente as informações necessárias do sistema. "Import from ►AutoCAD", permite a extração automática das quantidades (comprimento, área, volume, cada uma delas pode ser calculada) dos diferentes componentes do edifício a partir do modelo CAD (como a área de reboco, o número de determinadas portas, etc.). O utilizador pode efetuar a dedução para todo o edifício; InCADEP percorre todos os elementos contidos no modelo e calcula as suas quantidades. As quantidades são apresentadas numa tabela como mostra a Figura (5-8).

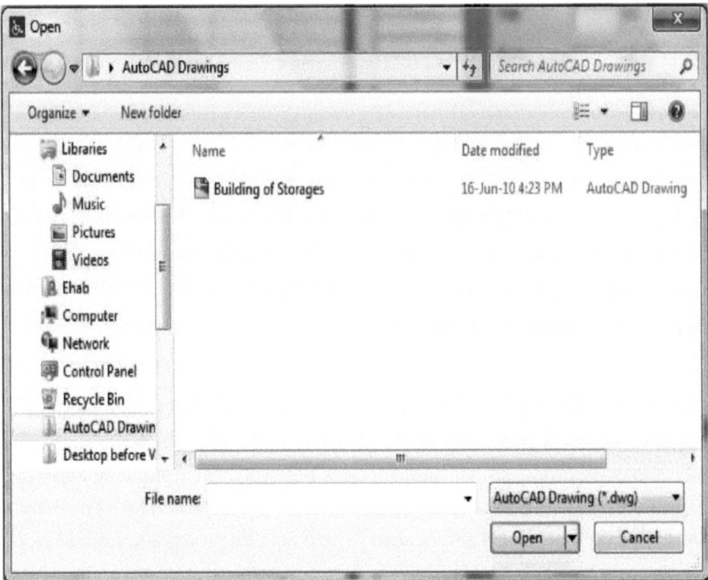

Figura (5-7) Caixa de diálogo "Abrir ficheiro" (*.dwg)

Os custos unitários são então recuperados da base de dados e o preço total é calculado. Cada componente do edifício é identificado com uma tarefa no calendário. A duração das actividades de construção é estimada com base nas quantidades do modelo CAD e na informação de produtividade armazenada/inserida na base de dados.

Uma certa ordem das actividades de construção (ou seja, prioridade e sucessor para cada atividade) é predefinida pelo InCADEP ou pode ser introduzida pelo utilizador. No entanto, também podem ser geradas se forem adicionados ao sistema procedimentos adequados (programação de códigos). InCADEP contém heurísticas resultantes dos condicionalismos práticos da construção. É de notar que a experiência contida no sistema aqui descrito é apenas de carácter demonstrativo para mostrar a abordagem à integração e pode ser refinada ou modificada para melhorar o sistema.

Neste menu "Importar de ►AutoCAD", a informação gráfica é convertida em informação textual (não gráfica), e o utilizador pode tratar esta informação textual mais facilmente do que a informação gráfica.

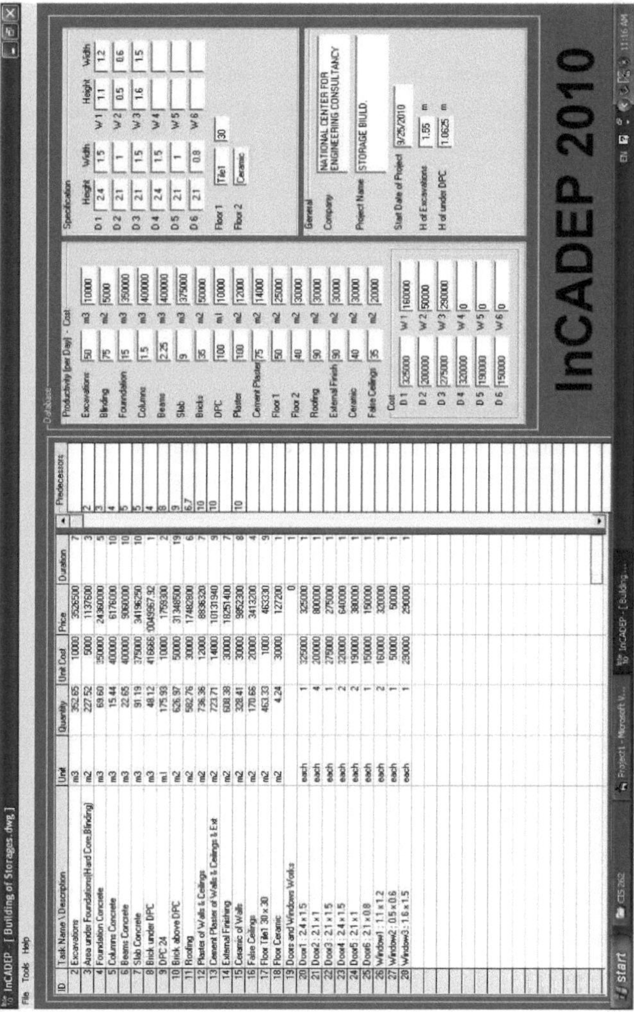

Figura (5-8) Saída do InCADEP

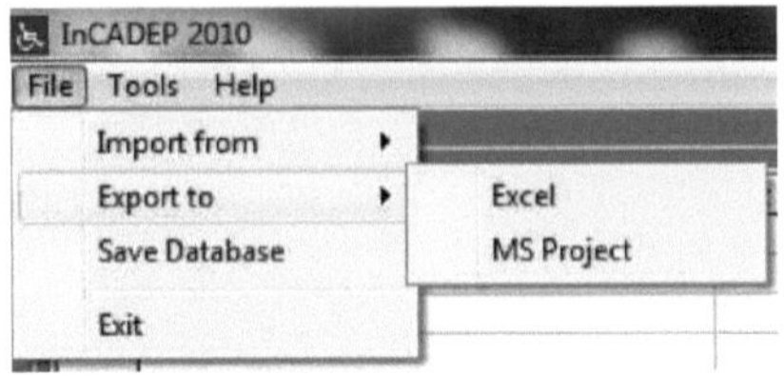

Figura (5-9) Menu Exportar para

Os dados deste quadro podem ser exportados automaticamente para folhas de cálculo MS Excel com um clique (menu "Ficheiro" e depois "Exportar para ► Excel"), que podem ser guardadas como um ficheiro separado para BOQ. Este pode ser utilizado para outras estimativas. Os dados do levantamento de quantidades são utilizados pelo InCADEP para criar os planos de construção.

1.1.1 Excel

Quando o utilizador clica em "Exportar para ►Excel", é apresentada a caixa de diálogo "Guardar como" e o formato do tipo de ficheiro é limitado a (*.xlcx \ *.xlc) para guardar como folha de cálculo do MS Excel. Em seguida, o utilizador introduz primeiro o "Nome do ficheiro" e depois clica em "Guardar". InCADEP abre automaticamente o MS Excel e preenche as células com as informações necessárias, tais como (descrição, quantidade, ... etc.).

1.1.2 Projeto MS

Quando o utilizador clica em "Exportar para ►MS Project", aparece a caixa de diálogo "Guardar como" e o formato do tipo de ficheiro é limitado a (*.mpp) para guardar como MS Project, como mostra a Figura (5-10). InCADEP abrirá então automaticamente o MS Project e preencherá sequencialmente as actividades, a sua duração e ordem de prioridade. O utilizador deve introduzir a data de início do projeto na base de dados. Se o utilizador não introduzir a data de início, o sistema considera a data como o dia de funcionamento do sistema.

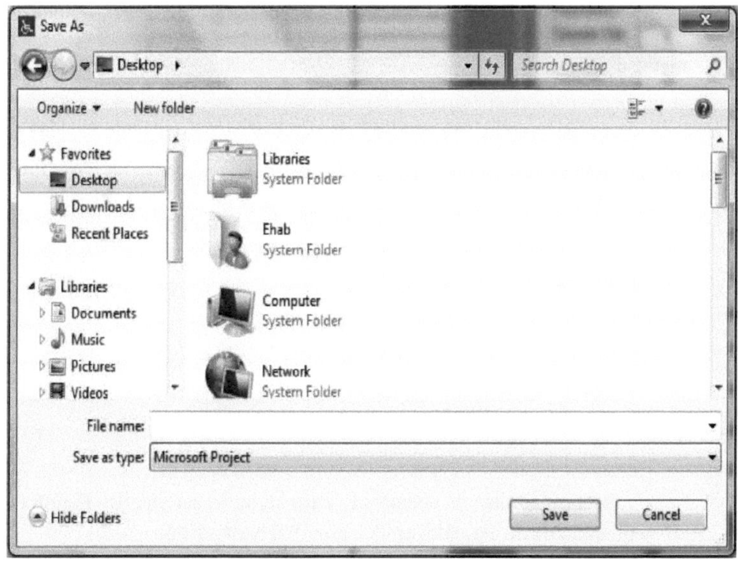

Figura (5-10) Caixa de diálogo "Guardar ficheiro como" (*.mpp)

A lista de actividades para um edifício determinada pelo sistema e os períodos de tempo calculados para cada atividade na tabela são exportados para o MS Project, que automatiza a entrada da lista de actividades e dos seus períodos de tempo na respectiva coluna. Verifica-se, portanto, que as entradas exigidas pelo software de planeamento da construção (MS Project) podem ser (em grande parte) automatizadas através da aplicação da abordagem de integração apresentada neste estudo.

1.3 Guardar base de dados

O utilizador pode guardar a base de dados para não ter de introduzir novamente os parâmetros.

1.4 Sair: Para sair do InCADEP.

2. Menu Ferramentas, figura (5-11)

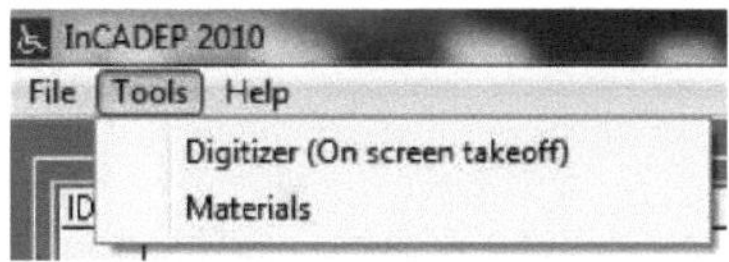

Figura (5-11) Menu Ferramentas

2.1 Digitador

O InCADEP também inclui um "Digitizer" ou "On Screen Takeoff" (Figura 5-14), que pode medir o comprimento e a área de desenhos digitalizados em formato de dados (*.jpg, *.wmf e *.bmp). Primeiro, o utilizador deve introduzir a escala do desenho (introduzindo a distância conhecida entre dois pontos), e depois pode medir a distância entre dois pontos e a distância horizontal e vertical para esses pontos; ou o utilizador pode medir a área e o perímetro.

2.2 Materiais

Para calcular os materiais de construção para algumas actividades Figura (5-15), por exemplo, a quantidade de cimento, areia e gravilha para o betão.

3. Menu Ajuda, figura (5-12)

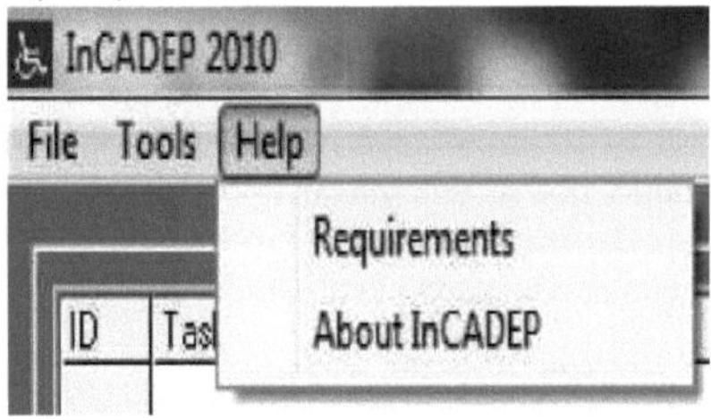

Figura (5-12) Menu Ajuda

3.1 Requisitos

Mostrar os requisitos e as limitações do InCADEP, tal como descritos na secção 5.4.Acerca do InCADEP, Figura (5-13)

Figura (5-13) Janela Sobre o InCADEP

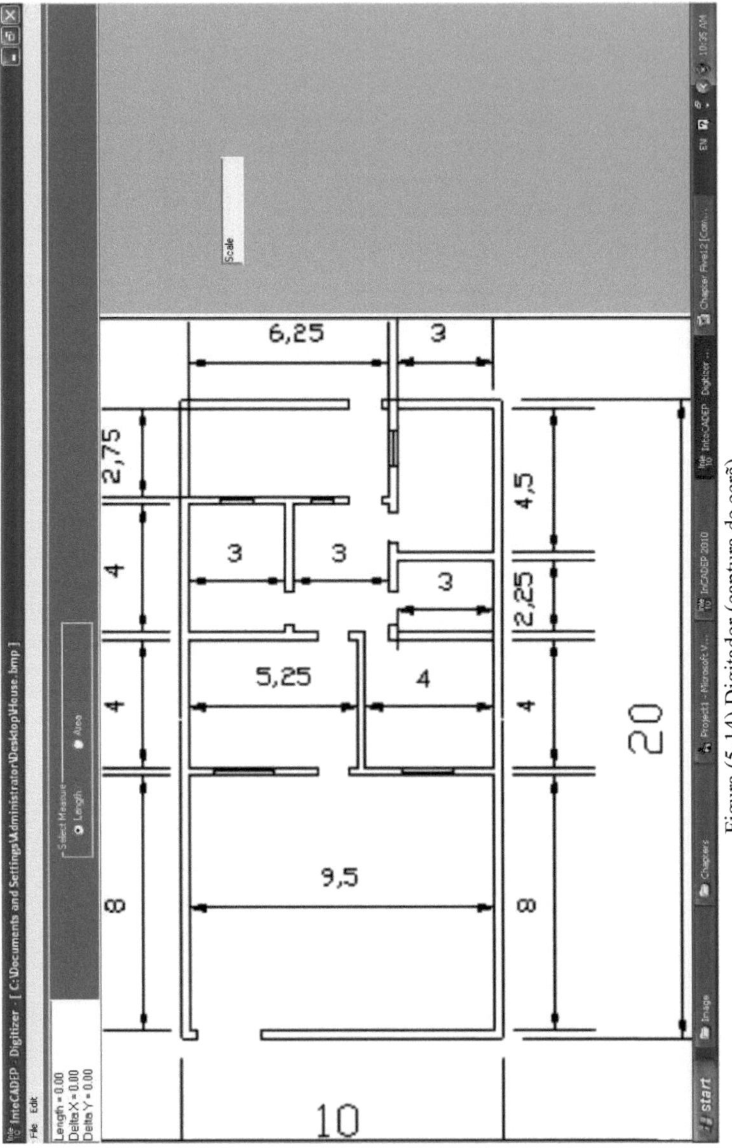

Figura (5-14) Digitador (captura de ecrã)

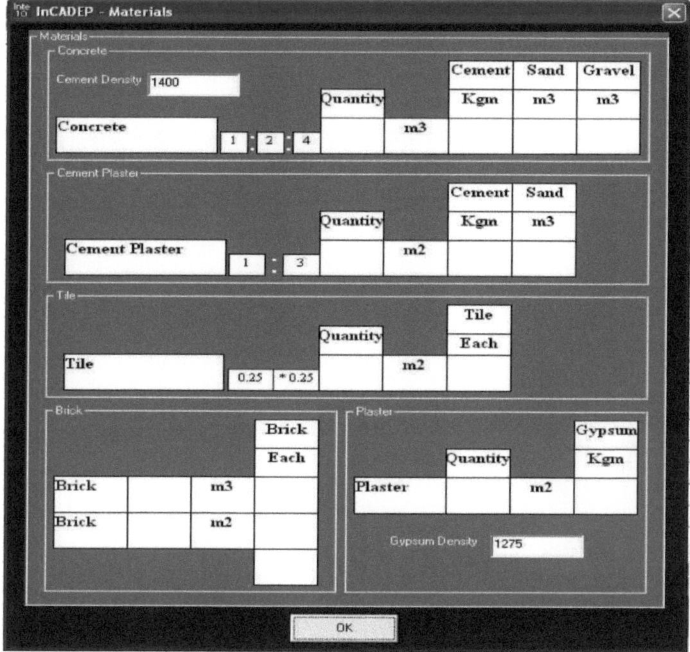

Figura (5-15) Janela Materiais

5.7 Implementação do sistema (InCADEP)

O sistema desenvolvido foi concebido para projectos de construção em betão armado. No entanto, o sistema pode ser facilmente modificado para abranger todos os tipos de projectos, uma vez que o código principal do sistema de intercâmbio de dados já está disponível.

O sistema foi concebido para determinar: o volume total de fundações, pilares, vigas e lajes de betão; o número total de portas e janelas; a área e o volume de tijolos; o comprimento total de DPC; a área de reboco e cimento e cerâmica; a área do telhado; a área dos pisos, etc.

O desenho da planta de um edifício de armazenamento para um hospital com 260 camas é apresentado na Figura (516). O resultado do sistema no MS Excel e no MS Project é apresentado na Figura (5-17) e na Figura (5-18).

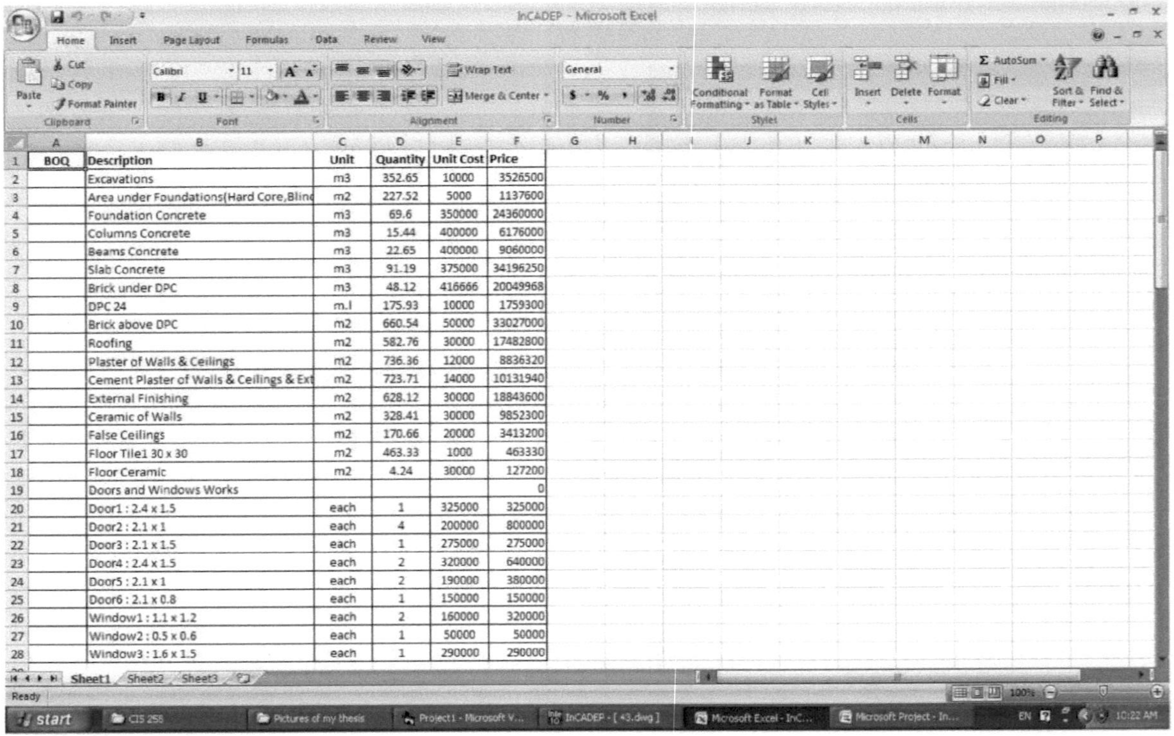

	A	B	C	D	E	F
1	BOQ	Description	Unit	Quantity	Unit Cost	Price
2		Excavations	m3	352.65	10000	3526500
3		Area under Foundations(Hard Core,Blin	m2	227.52	5000	1137600
4		Foundation Concrete	m3	69.6	350000	24360000
5		Columns Concrete	m3	15.44	400000	6176000
6		Beams Concrete	m3	22.65	400000	9060000
7		Slab Concrete	m3	91.19	375000	34196250
8		Brick under DPC	m3	48.12	416666	20049968
9		DPC 24	m.l	175.93	10000	1759300
10		Brick above DPC	m2	660.54	50000	33027000
11		Roofing	m2	582.76	30000	17482800
12		Plaster of Walls & Ceilings	m2	736.36	12000	8836320
13		Cement Plaster of Walls & Ceilings & Ext	m2	723.71	14000	10131940
14		External Finishing	m2	628.12	30000	18843600
15		Ceramic of Walls	m2	328.41	30000	9852300
16		False Ceilings	m2	170.66	20000	3413200
17		Floor Tile1 30 x 30	m2	463.33	1000	463330
18		Floor Ceramic	m2	4.24	30000	127200
19		Doors and Windows Works				0
20		Door1 : 2.4 x 1.5	each	1	325000	325000
21		Door2 : 2.1 x 1	each	4	200000	800000
22		Door3 : 2.1 x 1.5	each	1	275000	275000
23		Door4 : 2.4 x 1.5	each	2	320000	640000
24		Door5 : 2.1 x 1	each	2	190000	380000
25		Door6 : 2.1 x 0.8	each	1	150000	150000
26		Window1 : 1.1 x 1.2	each	2	160000	320000
27		Window2 : 0.5 x 0.6	each	1	50000	50000
28		Window3 : 1.6 x 1.5	each	1	290000	290000

Figura (5-17) Janela do MS Excel

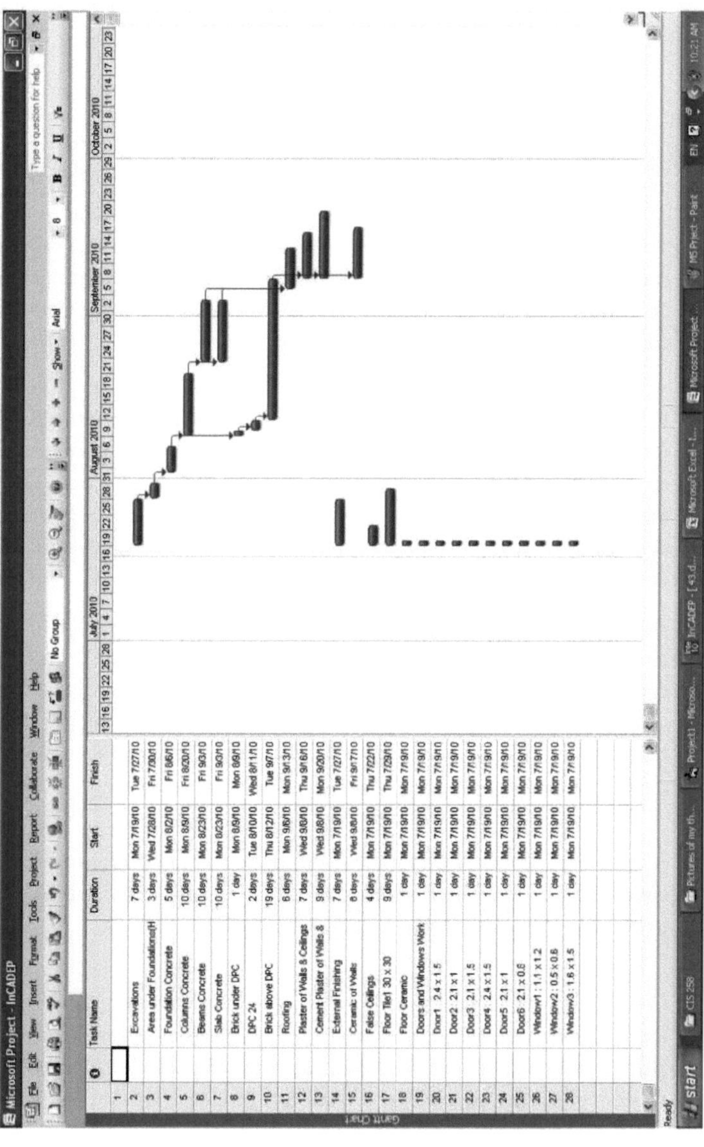

Figura (5-18) Janela do MS Project

Capítulo 6

Conclusões e recomendações

6.1 Conclusões

Os seguintes pontos foram identificados como conclusões gerais da investigação:

1. A integração do projeto, dos custos e do tempo é possível com os produtos de software padrão actuais. Os benefícios resultantes incluem tempos de cálculo mais curtos, menos erros de cálculo, melhor documentação e reprodutibilidade do processo de cálculo e a capacidade de lançar eletronicamente um plano de construção com todo o projeto antes do início da construção.

2. É possível preparar a informação do BOQ e o plano de construção do edifício de forma automática (com uma interação mínima do utilizador), obtendo os resultados do AutoCAD. Uma caraterística especial do sistema é a modelação CAD, que facilita a capacidade de calcular quantidades. Como resultado, o software de gestão de projectos é muito mais fácil de integrar e também tem acesso direto aos dados de projeto a partir deste sistema integrado.

3. A utilização de sistemas integrados está a tornar-se cada vez mais importante à medida que a popularidade do sistema de entrega de projectos de conceção/construção continua a crescer. Com a abordagem de conceção/construção, mais funções empresariais são executadas pela mesma organização, tornando a integração destas funções para partilhar dados cada vez mais importante.

4. A integração do AutoCAD e do software de gestão de projectos assistido por computador pode ser utilizada para reduzir a fragmentação e colmatar as lacunas existentes entre as disciplinas da indústria AEC.

5. Com o desenvolvimento contínuo do BIM e a melhoria das opções de programação (por exemplo, a tecnologia de automatização ActiveX), a aplicação potencial de um sistema integrado na prática da construção já não pode ser ignorada. A indústria também está interessada em concretizar este potencial. Esta investigação forneceu uma visão para satisfazer a necessidade importante, crítica e urgente da indústria da construção de ferramentas de integração que melhorem o intercâmbio de informações sobre os projectos.

6. A integração da informação sobre a conceção, os custos e o calendário pode ajudar a equipa de projeto a melhorar a eficiência dos processos de planeamento e estimativa. Integração da conceção e dos custos

   suporta o cálculo automático de quantidades, encurtando assim o tempo de cálculo e eliminando a duplicação de esforços que existe com os métodos de cálculo actuais. Além disso, a equipa de projeto pode avaliar rapidamente o impacto do custo de diferentes alternativas de design e especificação e verificar eletronicamente se todos os itens do modelo CAD foram incluídos na estimativa. Espera-se que as decisões possam ser tomadas mais rapidamente e de forma mais fiável.

6.2 Recomendações

1. A capacidade de desenvolver sistemas integrados deve incentivar o sector da construção a utilizar esses sistemas. O AutoCAD disponível atualmente, com a sua capacidade de ligação a outro software, tornou possível esse desenvolvimento.
2. As normas IFC, uma vez plenamente desenvolvidas, promoverão esta integração. No entanto, é crucial abordar a integração num contexto organizacional que se relaciona principalmente com questões processuais, humanas e culturais.
3. Utilização de CAD OO e de software paramétrico
4. Norma de camadas CAD que desenvolve um sistema integrado deste tipo.

6.3 Sugestões para investigação futura

A InCADEP deve ser melhorada, nomeadamente, nos seguintes domínios

1. Conceção:

   Melhoria da função de avaliação do desenho:
   a) quer uma maior normalização das regras de criação de desenhos
   b) ou melhorando a programação para a tornar mais sofisticada;

2. Estimativa:

   Expandir o sistema para incluir serviços de planeamento mecânico, elétrico e de canalização (MEP).

3. Planeamento:

Utilização de um sistema pericial baseado no conhecimento para a tomada de decisões, tendo em conta os seguintes aspectos: os métodos de construção a utilizar em função das condições do local e da disponibilidade de recursos e experiência, as condições de tráfego na zona, o nível do empreiteiro selecionado e a rapidez do processo de construção necessário para a construção, etc.

Pode ser desenvolvido um sistema pericial detalhado e baseado no conhecimento para criar um calendário ótimo. Outras etapas utilizando métodos de otimização (por exemplo, algoritmos genéticos).

4. Informações gerais:

a) Expansão do InCADEP para alargar o âmbito de aplicação a outros projectos, como as estradas.

b) Integração com sistemas de informação geográfica (GIS), temas no ArcView em vez de camadas AutoCAD para melhorar a informação espacial.

c) Planeamento CAD 4D (importação do MS Project).

Referências

AEC3, 1999, "*Applying IT Strategies in the AEC/FM Industry*" Resultados de um estudo mundial com organizações líderes sobre os estados actuais, problemas e visões na aplicação da tecnologia da informação, AEC3 Ltd. Londres, Munique, São Francisco

AIA, 2010, Instituto Americano de Arquitectos, www.aia.org

Alder M. Adam, 2006, "*Comparison of Time and Accuracy of Building Information Modelling with On-Screen Takeoff for Quantity Takeoff of a Conceptual Estimate*", Tese de Mestrado, Brigham Young University

Al-Hadythy, Ahmed Abdul-Fattah, 2006, "*Aplicações informáticas na gestão de projectos de construção*" Tese de mestrado, Universidade de Bagdade

Appa Rao T.V.S.R. e V.Laxmi Narasaiah, 2004, "*Use of Computers and Information Technology by Construction Industry in India -An Assessment by Survey and Diretions for Improvement*", Communications, NICMAR Journal of Construction Management, Volume XIX, abril - junho Número II, pp. 55-57.

Appa Rao T.V.S.R. e V.L.Narassaiah, 2003, "*Methods and Techniques for Integrating Computer and Information Technology Applications Towards Computer integrated Construction*", Journal of Indian Building Congress, Vol. X, No. 3, pp. 1-10.

Arun R.K., e Appa Rao T.V.S.R., 2005, *"Methodology for Integrating Computer Aided Design With Construction Scheduling"*, Journal of Structural of Engineering, Vol.31, No.4, janeiro-março, pp.281-288.

Autodesk, 2003, "*Building Information Modelling in Practice*" White Paper, Autodesk Building Solutions

Autodesk, 2002, "*Building Information Modelling*" White Paper, Autodesk Building Industry Solutions

Bentley, 2010, "Sobre o BIM" http://www.bentley.com/en-US/Solutions/Buildings/About+BIM.htm

Bjork B-C., 1994, "*RATAS Project - Developing an Infrastructure for Computer-Integrated Construction*", ASCE Journal of Computing in Civil Engineering, Vol. 8, No. 4, 401-419.

Bjork B-C, 1999, "*Information technology in construction: domain definition and research issues*" International Journal of Computer Integrated Design And Construction, SETO, London Volume 1, Issue 1, May pp. 1-16

CFMA, 2002, "*Information Technology Survey for the Construction Industry*", Construction Financial Management Association, EUA

Chan Swee-Lean e Leung Nga-Na, 2004, "*Prototype Web-based Construction Project Management System*", J. Constr. Engrg. and Mgmt. Vol. 130, Issue 6, pp. 935-943 (novembro/dezembro)

Chen Yi-Jao e Feng Chung-Wei, 2008, "*Streamlining the Data Transformation Process for Construction Projects via Building Information Modelling*" Actas do 25.º Simpósio Internacional sobre Automação e Robótica na Construção, Vilnius, Lituânia, 26-29 de junho, 549-558.

thChristofferson Jay P., 1999, "*Using Powerful Spreadsheet Application Tools to Increase the Efficiency and Effectiveness of Estimating*" ASC Proceedings of the 35 Annual Conference ,Califomia Polytechnic State University - San Luis Obispo, California ,April 7 - 10, pp 197 - 204

Christofferson Jay P., 2008, "*Orçamentação com o Microsoft® Excel*" http://www.buildersshow.com/Documents/course_handouts/

Cory Clark A. e Bozell Dave, 2001, "*3D Modelling for the Architectural Engineering and Construction Industry*" Conferência Internacional sobre Computação Gráfica e Processamento de Imagem, Actas 2001

CRC CI, 2004, "*Construction Planning Workbench*", Relatório de Investigação 2002-056-C-0604, Centro de Investigação Cooperativa para a Inovação na Construção (CRC CI)

Dawood, N. Sriprasert, E., Mallasi, Z. e Hobbs, B., 2002, "*Development of an Integrated Information Resource base for 4D/VR construction processes simulation*", Automation in Construction, 12: 123-131.

Dikbas A, Morten B, Bayramoglu V, Yitmen I ,1999, "*An integrated decision-support system model for construction management executives*", Lacasse M A, Vanier D J (ed.); Information technology in construction, volume 4, ISBN 0-660-17743-9; Vancouver, 30 de maio - 3 de junho, Canadá

Eben Saleh M. A., 1999, "*Automation of Quantity Surveying in Construction Projects*" ASCE Journal of Architectural Engineering / dezembro, pp. 141-148

[th]Elzarka H., 2001, "*Computer Integrated Construction for Small And Medium Contractors*" ASC Proceedings of the 37 Annual Conference, University of Denver - Denver, Colorado, April 4 - 7, pp 255 - 262

[th]Elzarka H. e Dorsey R., 1999, "*Enhancing Value Engineering by Integrating CAD and Estimating Software*" ASC Proceedings of the 35 Annual Conference, California Polytechnic State University - San Luis Obispo, California, April 7 - 10, pp 299 - 306

Farah Toni, 2005, "*Review of Current Estimating Capabilities of the 3D Building Information Model Software to Support Design for Production/Construction*" Tese de mestrado, Faculdade do Instituto Politécnico de Worcester

FENG Yan Ping, 2006, "*Aplicação das tecnologias da informação na construção Gestão*" O simpósio internacional CRIOCM 2006 sobre "Desenvolvimento futuro da gestão da construção e da propriedade"

Goedert, J.D. & Meadati, P. ,2008, "*Integration of construction process documentation into Building Information Modelling*", ASCE Journal of Construction Engineering and Management, 134(7), 509-516.

Heesom David e Mahdjoubi Lamine, 2004, "*Trends in 4D CAD applications for construction design*" Construction Management and Economics ,February, 22, 171-182

Howell I., & Batcheler, B. (2010). "*Building Information Modelling two years on - great potential, some successes and some limitations*". Obtido em 8 de fevereiro de 2010, de http://www.laiserin.com/features/bim/newforma_bim.pdf.

Hore Alan, 2006, "*Use of IT in Managing Information and Data on Construction Projects - A Perspective for the Irish Construction Industry*" Information Technology in Construction Project Management Engineers Ireland Project Management Society

Howard, H. C., Levitt R.E., Paulson, Jr. B.C., Pohl G., e Tatum C.B., 1989, "*Computer Integration: Reducing Fragmentation in AEC Industry*" Journal of Computing in Civil Engineering, ASCE, 3(1), pp. 18-32.

InPro, 2007, "*Relatório - Análise das ferramentas de software existentes para a conceção precoce*"
O projeto InPro é um projeto integrado cofinanciado pela Comissão Europeia.

http://www.inpro-project.eu/docs/InPro_AnalysisExistingSoftware_Public.pdf

ISO, 2010, "STEP", www.iso.org/iso/iso_cafe_step.htm

ITAA, 2010, Information Technology Association of America, www.itaa.org

Kanoglu, A. e Arditi, D. 2004, "*An integrated automation system for design/build organisations*", Int. J. Computer Applications in Technology, Vol. 20, Nos. 1.3, pp. 3.14.

Koo B. e Fischer M., 2000, "*Feasibility Study of 4D CAD in Commercial Construction*" ASCE Journal of Construction Engineering and Management, 126 (4), pp. 251-260.

Lee, G., Sacks, R., e Eastman, C. M., 2006 "*Specification of parametric building object behaviour (BOB) for a building information modeling system*", Automation in Construction, 15(6), 758-776

Lin Chen-Yang, 2007, "*Automatic Construction Quantity Calculation System*" Tese de Mestrado, Departamento de Engenharia Civil, Universidade Nacional de Ciência e Tecnologia de Yunlin, Douliu, Yunlin, Taiwan, República da China

Marir F. Dr, Aouad, G. Dr e Cooper G. Dr, 1998 "*OSCONCAD: Um sistema CAD baseado em modelos integrado com aplicações informáticas*". Tecnologia da Informação na Construção (ITcon), 3:25-43.

Matheu N. F., 2005 "*Sistema de gestão documental do ciclo de vida para a indústria da construção*"
Dissertação, Universidade Técnica da Catalunha

Meadati, P. 2009, "*BIM Extension into Later Stages of Project Life Cycle*", The Associated Schools of Construction (ASC) International Proceedings of the Annual Conference, at the University of Florida April 1 - 4

MIJ Jurasz, 2003, "*Geometric Modelling for Computer Integrated Road Construction*" Dissertação, Universidade Fridericiana, Karlsruhe, Alemanha

Miller K., 2001, "*Electronic Documents: Saving Contractor's Time & Money*", um projeto de investigação patrocinado pelo Building Construction Industry Advisory Council (BCIAC) ao abrigo de uma subvenção do Florida Department of Education.

Mohamed A. e Celik T., 2002, "*Knowledge Based-System for alternative design, cost estimating and scheduling*" Knowledge-Based Systems 15, pp.177-188.

Nassar Khaled, 1999, "*A Framework for Building Assembly Selection and Generation*", Ph.D.
Dissertação, Faculdade do Instituto Politécnico e Universidade Estatal da Virgínia

NBIMS, 2010, Norma Nacional do Modelo de Informação da Construção, http://www.buildingsmartalliance.org/index.php/nbims/

NIST, 2004 "*Cost Analysis of Inadequate Interoperability in the U.S. Capital Facilities Industry*" Instituto Nacional de Normas e Tecnologia dos EUA

O'Brien M.J. e Al-Biqami, N., 1998, "*Virtual enterprises in practice*", Workshop sobre Componentes e Empresas Virtuais em Sistemas, Linguagens e Aplicações de Programação Orientados para Objectos, OOPSLA98, Vancouver, Canadá, outubro.

Peansupap Vachara, 2004, "*An Exploratory Approach to the Diffusion of ICT in a Project Environment*" Tese de doutoramento, School of Property, Construction and Project Management, RMIT University

th Rankin J.H., Froese T.M. e Waugg L.M., 1999, "*Exploring the Application of Case-based Reasoning to Computer-assisted Construction Planning*", 8 International Conference on Durability of Building Materials and Components, Canadá.

Revit, 2007 a, "*BIM and cost calculation*", Autodesk Whitepaper

Revit, 2007 b, "*BIM and project planning*", livro branco da Autodesk

Sanvido Victor E. e Medeiros Deborah J., 1990, "*Applying Computer-Integrated Manufacturing Concepts to Construction*" ASCE Journal of Construction Engineering and Management, Vol. 116, No. 2, pp 365-379 junho

Staub S., Fischer M. e Spradlin M, 1998, "*Industrial Case Study of Electronic Design, Cost and Schedule Integration*" (Documento de Trabalho do CIFE n.º 48). Stanford, CA: Stanford.

Sun M. e Aouad G., 1999, "*Control Mechanism for Information Sharing in an Integrated Construction Environment*" Versão de 9 de julho de 15.53

Sun M., Aouad G., Bakis N., Birchall S. e Swan W., 2000, "*Integrated Information Management and Exchange for Water Treatment Projects*", The ASCE 8th International Conference on Computing in Civil and Building Engineering Standford University California, USA, August 14-17, pp130-137

Tse T.C e Wong K.D, 2004, "*A Case Study of the ISO13567 CAD Layering Standard for Automated Quantity Measurement in Hong Kong*" Electronic Journal of Information Technology in Construction, Vol.9, pp.1-18

Turk, Z., 1997, "*Overview of Information Technologies for the Construction Industry*" Artificial Intelligence in Engineering 15, pp. 83-92.

Turk Z., 2000 "*What is Construction Information Technology*" Proceedings of AEC 2000, Informacni technologie ve stavebnictvi, Praha, 26-27.6.2000, ISBN 80-85-82548-1.

Wang, S.Q., 2001, "*ESSCAD: Expert System Integrating Construction Scheduling with CAD Drawing*". Biblioteca Digital de Informação sobre Construção, http://itc.scix.net/paper w78-2001- 46.Contents.

Vries Bauke de e Harink Jeroen M.J., 2007, "*Generation of a* construction plan from a 3D CAD model", Automation in Construction 16 13 - 18

Ziyad Jassim Fadhal, 2007, "*Building an Integrated Computer System for Management of Projects (some water projects as a case study)*", tese de mestrado, Universidade de Bagdade.

الخلاصة

تختلف طبيعة أعمال البناء عن الصناعات الاخرى مثل التصنيع و ذلك لكونها تعاني من التجزوء Fragmentation و تتضمن عدد كبير من المشاركين في المشروع و تشتمل مراحلها على العديد من العمليات خلال عمر المشروع مثل التصميم و التخمين و التخطيط و إستعمال أنواع مختلفة من برامجيات تطبيقات الحاسوب. تتطلب هذه الخصائص الحاجة الماسة لتبادل البيانات و مشاركة المعلومات الرسومية و النصية بين الاطراف المعنية بالمشروع.

بالرغم من أن أكثر الوثائق تنتج بالحاسوب، لا تزال إدارة المشاريع تعتمد التبادل اليدوي للمعلومات و بالاستناد على الوثائق الورقية. حيث يتم رسم الخرائط و المخططات التصميمية بمساعدة الحاسوب CAD, لكن البيانات المطلوب ادخالها لبرامجيات إدارة المشاريع (تخطيط أو تخمين) لا يمكن استخراجها مباشرة من CAD بل يجب ادخالها يدويا من قبل المستخدم (المخمن و المُخطط). ان عملية أخذ و تجميع المعلومات من المخططات التصميمة و ادخالها في برامجيات ادارة المشاريع تحتاج الى جهد و وقت مع احتمال حدوث اخطاء في نقل و ادخال المعلومات و بالاضافة الى ذلك فعند حدوث تغيير مؤثر في التصاميم او عند مقارنة عدة بدائل فأن ذلك يتطلب اعادة الحسابات مرة اخرى. يمكن تجاوز هذا من خلال إستخدام أدوات تكنولوجيا المعلومات بكفاءة اكثر لإدارة عمليات معلومات البناء و مكاملة التصميم و الكلفة و الوقت.

هذا البحث يقدم نظاما حاسوبيا متكاملا لمشاريع المباني حيث يقوم باستخلاص و استيراد الكميات عن طريق ترجمة مخططات AutoCAD مع قاعدة بيانات MS Access بالكلف و الانتاجيات لحساب الاسعار و المدد الزمنية للفعاليات ثم تصديرها الى برامج MS Project و MS Excel والتعديل عليها. تم تطوير النظام بأستخدام Visual Basic و تقنية أتمتة ActiveX لربط البرامج اعلاه. بالاضافة الى حساب كميات المواد ، يتضمن النظام Digitizerلحساب الاطوال و المساحات للمخططات التي تكون بصيغة صورية.

تم تطبيق النظام المتكامل على دراسة حالة لبناية مخازن لمستشفى ٢٦٠ سرير. اثبتت النتائج فعالية النظام في تحويل المعلومات من صيغتها الرسومية dwg الى صيغ عددية xlcx / xlc ، mpp يمكن التعامل معها بسهولة و يسر بالبرامجيات المشمولة بها.

من فوائد استخدام هذا النظام، التوليد الآلي للكميات المستخرجة مباشرة من CAD و تحسين التواصل بين التصميم والبناء، و تقليل اعادة ادخال البيانات (بيانات قابلة لإعادة الاستعمال) و زيادة سرعة التسليم (توفير الوقت) و تقليل الكلف (زيادة الارباح) و تنسيق أفضل (أخطاء أقل) و انتاجية اعلى. وذلك لتحقيق منهج نمذجة معلومات البناء BIM.

جمهورية العراق
وزارة التعليم العالي و البحث العلمي
جامعة بغداد
كلية الهندسة
قسم الهندسة المدنية

تطوير نظام إدارة انشاء متكامل لتخمين المباني

رسالة

مقدمة الى كلية الهندسة في جامعة بغداد

كجزء من متطلبات نيل درجة الماجستير في علوم الهندسة المدنية (ادارة مشاريع)

من قبل

ايهاب فاضل محمد علي

(بكالوريوس علوم في الهندسة المدنية ، 2008)

ايلول، 2010

Índice

Printed by Books on Demand GmbH, Norderstedt / Germany